あすか いのちの ハーモニー

橿原市昆虫館
自然環境研究員
松本清二 代表編集

金壽堂出版

「あすか いのちのハーモニー」とは
あすか地域の生きものたちの約束—生物多様性の心—

　かつてのこの地域は，飛鳥京（630年～693年），藤原京（694年～709年）といった日本の首都がおかれた大都会でした．そのために人々によって，開発が進み自然はこわされつづけてきました．しかし，みなさんのまわりを見てください，たくさんの生きものたちが棲んでいます．私たち人間もそのなかの仲間です．地球に人類が生まれて数万年にしかなりません．でも，多くの生きものたちは，その姿を変えたくみに命をつたえてきました．オオサンショウウオのように，数千万年も前から同じ姿で生きつづけている仲間もいます．いきつづけ，つたえられてきた命の数々．それらが創ってきた姿を私たちは生態系とよぶのでしょう．ここでは，あすか地域の生態系をいっしょにつくる仲間たちを紹介します．いろいろな仲間たちが，場所を変え季節を変え登場します．

　春，　サクラが咲き萌えわたる山．畝傍山
　夏，　川ではホタルが飛びだします．
ゲンジボタル

　秋，　金色に輝く水田に真っ赤に染まる
　　　　　　　　　　　　ヒガンバナの帯

　冬，　大陸の厳しい寒さをさけ渡り鳥たちが来てくれます．アジア大陸から来たシロハラは，カキ畑で残してもらった実をついばみます．

ここには，生きものたちと私たちの約束があります．
また来年，同じ仲間と逢えます様にみんな仲良く命を大切に．
これが生物多様性の心です．

あすか、生きものたちの紹介（もくじ）

　　　　　　　　　　　　　　　　　　　　　　　　　　　　　　　　　　　ページ
　　Chapter I　　地質と地形・・・・・・・・・・・・・・・・・・・・・・・１

　　Chapter II　　せきつい動物・・・・・・・・・・・・・・・・・・・・・１４
　　II－１　哺乳類・・・・・・・・・・・・・・・・・・・・・１４

　　II－２　鳥　類・・・・・・・・・・・・・・・・・・・・・２０

　　II－３　爬虫類・両生類・・・・・・・・・・・・・・・・・４２
　　　　　　爬虫類・・・・・・・・・・・・・・・・・・・・・４４
　　　　　　両生類・・・・・・・・・・・・・・・・・・・・・５１

　　II－４　魚　類・・・・・・・・・・・・・・・・・・・・・５７

　　Chapter III　　昆虫類・・・・・・・・・・・・・・・・・・・・・・・６９
　　III－１　不完全変態・・・・・・・・・・・・・・・・・・・６９

　　III－２　完全変態・・・・・・・・・・・・・・・・・・・・８６

　　Chapter IV　　植物・・・・・・・・・・・・・・・・・・・・・・・・１０７
　　IV－１　木　本・・・・・・・・・・・・・・・・・・・・・１０８

　　IV－２　草　本・・・・・・・・・・・・・・・・・・・・・１２０

　　IV－３　阿部山リスト・・・・・・・・・・・・・・・・・・１４４

　各種紹介で記述している番号は、①分類、②分布、③生態、④地域等の様子、⑤人との関係を示しています。また、絶滅危惧種や希少種については、奈良県や環境省によって扱いが異なる場合がありますので詳細につきましては本文を参照ください。尚、昆虫と植物につきましては掲載種をできるだけ多くするために詳細説明を省略しております。
　分類につきましては環境省及び（財）自然環境研究センターが刊行している「植物目録」「日本産野生生物目録」（1993年から順次改定編集されている）を、また日本鳥学会が編集した日本鳥類目録第6版（2000年）を参考にして編集しました。

Chapter I　地質と地形

1. はじめに

　紀伊半島の中央部に位置する奈良県は、南北に細長く仔犬が立っているような形をしている。その8割近くが高原や山岳地帯で形成されている自然豊かなところで、平坦部の多い県北部と、ほとんどが山間部で占められている県南部と大きく二分できる。

　県北部では、西側の南北に連なる金剛・生駒山地と東の大和高原に囲まれた奈良盆地が広がり、ここを横断するよう流れる大和川は、東の大和高原と南の桜井市や明日香村・高取町の山間部をその源として大阪湾に注がれる。

　その中で、飛鳥地域（橿原市、明日香村、高取町）は県北部の南西に位置しており、奈良盆地と桜井市・吉野町など南の丘陵地帯にまたがるゆるやかな傾斜地に存在している。

　橿原市南浦町の香久山や明日香村の上・冬野から奈良盆地を眺めると、遠方に生駒山地や二上山、近くには、畝傍山や耳成山を望むことができる（図1）。

　飛鳥地域を流れる河川の寺川・飛鳥川・高取川・米川・桜川などは全て北西方向に流れており、このことから地形を読みとることができる。

　地形の成り立ちは、地質によって支配されることは当然であるが、その後の長期にわたる地殻変動や風雨と気象変動による浸食作用等が働き生じたものである。

　地質については、広範囲で考えなければならない。紀伊半島を構成している大半の地層や岩体は、中生代以降のプレート運動によって形成された附加体や、これに関連した火山活動の産物である。

　プレート運動とは、1960年代から研究が進み、現在はプレートテクトニクスによる考え方で、火山活動・地質・造山運動など地球上のほとんどの地殻変動が説明できる理論である。

　プレートとは、地球表面の地殻を含む厚さ平均100kmにもおよぶ岩盤をいい、これが数十枚のプレートに分かれて、それぞれの方向に2〜10cm／年の速さで動いている。

　日本列島は、ユーラシアプレートの南東に位置し、太平洋に存在する日本海溝の南東の伊豆諸島から西側はフィリピン海プレートといい、伊豆諸島の東側のプレートを太平洋プレートという。これらプレートが日本列島に押し寄せるために、大地震が発生する。また、火山活動の原因にもなっている。

　西南日本に分布する地層や岩体は、南からのフィリピン海プレートの北上に伴う造山運動に関係して生じたものと考えられており、紀伊半島の山岳地帯はこれらの活動によって生じたものである。

　現在は、その後の風化作用や浸食作用によって生じた険しい山や谷、それに平坦地がみられるが、百年万年以前の地形面は、ほとんど残っていないと考えられ、現在見られる地形の多くは、百万年以降に形成されたものである。

図1．橿原市昆虫館（橿原市南山町）から畝傍山（左）香久山（手前右）、奥に二上山を望む

2. 地形

　紀伊半島中央部の地形を大きくみると、西側から　大阪平野　…　生駒山地　…　矢田丘陵　…　奈良盆地　…　大和高原　…　伊賀盆地　…　鈴鹿盆地　…　伊勢平野　と南北に連なる山地と平野が交互に並んでおり、多く山地の西側は急な斜面を造る。

　このような地形を生じさせたのは、新生代第三紀鮮新世末に始まり大四紀更新世に入って活発化した、比較的新しい時代の褶曲運動が主な原因と考えられており、特に山地の西斜面に多くみられる断層は、この運動に付随してできたものである。これを基盤褶曲といい、更新世末には生駒山地や大和高原などは、東西からの横圧のため褶曲の背斜部として、また、盆地や淡水湖は向斜部として形成された。これらの地殻の動きを六甲変動とよんでいる。

　明日香村は、東方から南部にかけて、山岳地帯となっており、Ｖ字谷もみられる。特に東の方向の多武峰地方の山々は標高が高く、竜在峠では752ｍに達しており、冬野・畑・栢森・上・尾曽・入谷などの地域は標高が高い。これらの山々は、花こう岩と異なる塩基性の深成岩でできており、風化しにくく山として残っている。平坦地でも標高100ｍ以上あり、これらの地域では風化した花こう岩が浸食を受けて流出し、堆積したと考えられる。

　橿原市のほとんどは、標高100ｍ以下の平坦地であるが、丘陵地といえば南西の御所市や明日香村と接する標高 201ｍ の貝吹山地である。平坦地の地層は、礫・砂・泥・シルトなどが堆積しており、浅いところでは８ｍ ほどになっている。そのうち新生代第四紀更新世末期の今から約２万８千年から２万４千年前に堆積した地層は厚く、その上の完新世以降（現在から１万年前）に堆積した地層は地下２ｍ〜３ｍである。これらの地層からは、現在尾瀬の湿原地にみられるミツカシワ等の植物化石が見つかっており、氷河期の終わり頃に堆積したものと思われる。

　高取町は、明日香村と同様の地質地形があるが、南東部に標高 583ｍ の高取山をもち、奈良盆地と吉野地方を分ける位置にある。北部の貝吹山は橿原市と境界を接する。

　完新世以降は、大氷河時代の更新世に比べて気候は温暖で植生も良く、普通10ｍから15ｍの腐植土や粘土など厚い地層が堆積しているはずであるが、奈良盆地では堆積量は少ない。

　橿原市や明日香村を流れる河川については、寺川は桜井市鹿路から始まり途中十市町で桜井市高家が源流の米川と合流し、川西町で大和川となる。飛鳥川は入谷が源流で寺川と同じ川西町で大和川と合流する。曽我川は大淀の西方を源流とし、河合町で大和川と合流している。高取川は高取町上子島を源流とし、曽我町で曽我川と合流する。

　山岳地帯から河川等による土砂の流出によって生じた扇状地について考えてみると、飛鳥川では明日香村飛鳥から橿原市八木町付近までみられる。しかし、曽我川では扇状地はほとんどみられない。その理由として、飛鳥川では源流値から大和川との合流地点までの高低差は 500ｍ 近くあり、河道勾配が大きく、強い流水によって多量の土砂を平野部に運び、扇状地を形成することになった。一方、曽我川の高低差は 150ｍ で、飛鳥川と比べて流域は長いわりに勾配はゆるやかで、そのため流水による土砂の運搬が少なかったと考えられる。

3. 地 質

① 西南日本の地質構造

　西日本では地質構造上、西南日本内帯と外帯にまたがっており、5つの地質区に大別される（図2、18、19）。

　各地質区の境界は全て構造線で境されている。北から南にかけて内帯である片麻岩を主とする三群変成帯(サングンヘンセイタイ)が、その南側には片麻岩や花こう岩類で占める領家帯（リョウケタイ）が分布している。中央構造線（チュウオウコウゾウセン）をはさんで外帯の最北部には、結晶片岩で代表する三波川帯（サンバガワタイ）が、その南には古生代から中生代にかけて海底に堆積した秩父帯（チチブタイ）が、さらにその南側には、中生代から新生代第三紀の地層である四万十帯（シマントタイ）が分布する。奈良県では、三群変成帯をのぞく4つの地質区を基盤としており、その上に新生代に活動した火山岩や堆積岩である新期岩類が覆っている。

　橿原市や明日香村の基盤は、中央構造線の北側に分布する領家帯で構成されており、岩石の種類は、主としてマグマが地下深所で冷却して生まれた深成岩である。その後、新生代になってから誕生したのが、畝傍山や耳成山である。当時の畝傍山や耳成山は、現在のものとは著しく異なり、高さや大きさは倍以上あったと考えられる。

② 奈良盆地とその周辺の基盤岩の形成

　古生代の中頃から古生代ペルム紀末期（4億年前から2億5千年前まで）の間は日本列島は無く、その後アジア大陸の太平洋側の海底に1億年という長い期間をかけて地層が堆積していく。これを地向斜の海という。また、地向斜の海には激しい火山活動が進行し、急速な沈降に伴って数千mにも及ぶ泥岩・砂岩や火山噴出物の火山砂屑岩などが堆積していく（図3）。

　中生代（今から2億5千万年前）に入るとフィリピン海プレートが北上して、アジア大陸に押し寄せ、現在の日本列島付近が隆起して陸地となり、さらに進行して巨大山地を形成する（図4）。

　奈良県では、吉野川流域以北が陸化する。この働きで地下深所では圧力と熱により海底の堆積岩が変成作用を受けて片麻岩が生成され、さらに熱が加わると、これらが溶けてマグマとなりマグマが冷却すると深成岩となる。まさに奈良県北部の基盤をなす領家帯の誕生である。

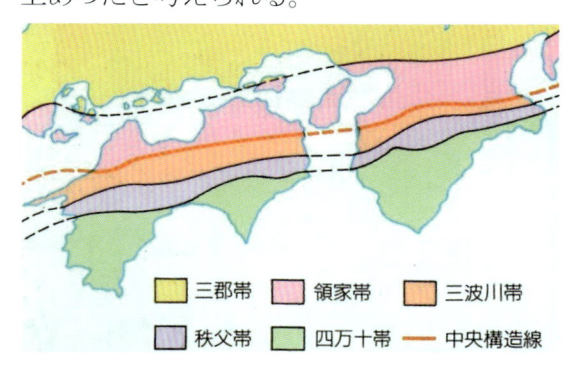

図2．西南日本の地質構造図

図3．古生代ペルム紀末期の日本列島

領家帯は、北は木津川から南は吉野川の北側の中央構造線との間に分布している。

　領家帯を構成する深成岩類は、花こう岩類や片麻岩類などの岩石群からなり、領家複合岩類ともよんでいる。また、領家帯の南端の一部は、中生代白亜紀末に堆積したれき岩や砂岩・泥岩で構成されている和泉層群（イズミソウグン）によって覆われている。

　深成岩には、古いものと新しいものに区分される。古い片麻岩類は、縞状構造をもち風化しやすいが、古いものの中には風化しにくい斑れい岩や閃緑岩も存在する。

　これらの岩石の生成年代は、放射性年代測定により古いものは今から1億年前で、新しいものは今から約7千万年前から8千万年前の中生代白亜紀後期とみられる。

　花こう岩類には、結晶の小さい細粒花こう岩と、結晶の大きい粗粒花こう岩とがあり、細粒花こう岩は主として県北部に分布し、粗粒花こう岩は金剛山地とその周辺に多く貝吹山でも粗粒花こう岩がみられる。

　橿原市や明日香村では平坦地の地下の基盤のほとんどは、粗粒花こう岩で占められている。

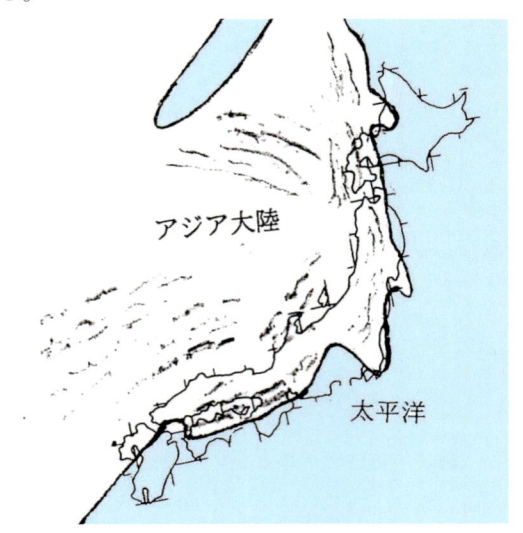

図4．中生代白亜紀後期の日本列島

　花こう岩は、一般に灰色ないし灰白色を示し、石英・カリ長岩・斜長石・黒雲母・白雲母・角閃石などの造岩鉱物が認められる（図5）。

図5．花こう岩

　その他、花こう岩以外の深成岩類では、生駒山や橿原市と明日香村の南東部に位置する多武峰から高取城跡に続く山岳地帯では、花こう閃緑岩・閃緑岩・はんれい岩がみられる（図6）。花こう閃緑岩は暗灰色を示し、主として石英・カリ長岩・斜長岩・黒雲母・角閃石などの鉱物が含まれている。閃緑岩はカリ長岩・斜長岩・黒雲母・角閃石が、はんれい岩には斜長岩・角閃石・輝石・カンラン石などの鉱物が含まれる。

図6．はんれい岩

　片麻岩類は、分類上高温低圧型変成岩に属し、領家帯には泥質片麻岩や縞状片麻岩があり、その造岩鉱物として主に、石英・カリ長岩・斜長石・黒雲母・白雲母などの鉱物が認められる（図7）。縞状片麻岩は、有色鉱物の黒雲母と無色鉱物の石英・カリ長石・斜長石

が一定方向に並び、黒と白との縞模様を示す。片麻岩類の原岩は、前にも記しているように古生代から中生代中期の海洋性堆積物であると考えられる。

図7．片麻岩

領家帯の岩石は、深成風化が著しく奈良盆地のように平坦地を形成し、新鮮な岩石の露出する地域は少ない。

中生代白亜紀（今から7千5百万年前）になると、陸化した紀伊半島中部以北の山地は、最初の1千万年の間は急激な地殻変動で海底に沈むが、新生代初期（6千5百万年前）には再び隆起して、図8のように陸地となる。当時領家帯などの変成帯は、厚い堆積岩で覆われていたが、その後徐々に浸食作用を受けて平坦化していく。そして上部の堆積岩はすべて浸食を受けてなくなり地下深所にあった領家帯等の岩石が露出する。

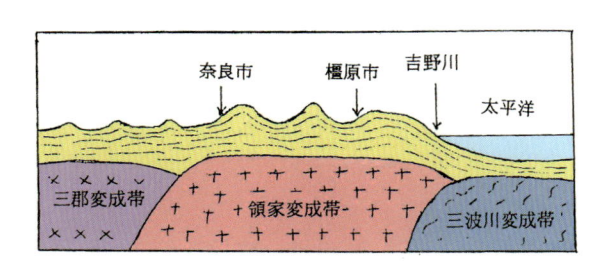

図8．新生代初期の紀伊半島の地質断面図

③　第一瀬戸内累層群の堆積

新生代第三紀中新世前期（今から約1千9百万年前）には紀伊半島南部も陸化し始めたが、北部の陸地はさらに低下して、紀伊湾の方から海水が浸入し、今から1千7百万年前の中新世前期には、次頁左図のように奈良県東北部が海面下に没した。さらにその約2百万年後の1千5百万年前頃には、島根・鳥取県から岡山・兵庫県にまたがり、さらに大阪湾から奈良盆地を経て紀伊湾にいたる内海が生じた。この内海を第一瀬戸内海といい（次頁右図参照）、ここに堆積した地層群を、瀬戸内累層群とよんでいる。

奈良県では、当時の内海に堆積している地層群を、地域によりそれぞれ、藤原層群・山辺層群・山粕層群と命名されている。

第一瀬戸内累層群には、熱帯、亜熱帯地方のマングローブの生えるような浅い海に棲息する動物化石（イソシジミ・ビカリアの仲間）が採集されており、当時この海域は、亜熱帯に近い海水が支配していたものと考えられる。

飛鳥地域では、このような地層は存在しない。おそらく浸食して流出したと考えられる。もし、これらの地層が飛鳥地域にも見つかれば、多くの種類の海棲動物化石（貝化石など）が採集できる。（図9）

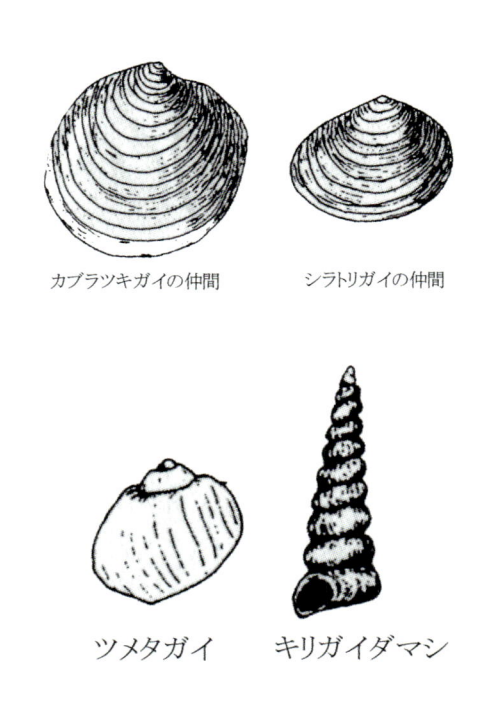

カブラツキガイの仲間　　シラトリガイの仲間

ツメタガイ　　キリガイダマシ

図9．貝の化石

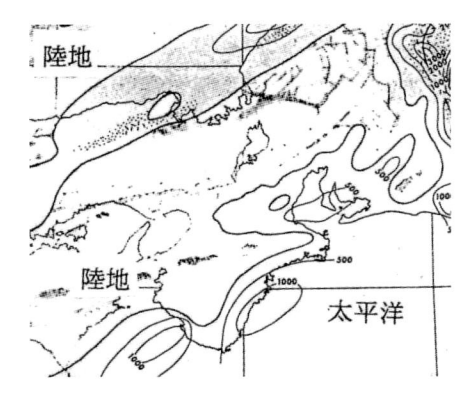

図１０．新生代第三紀中新世初期の紀伊半島

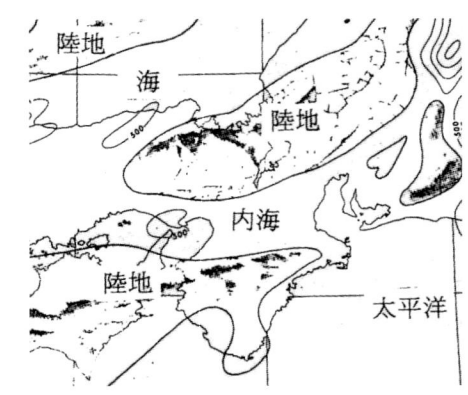

図１１．新生代第三紀中新世中期の紀伊半島

④ 瀬戸内火山と堆積層

　１千５百万年前の新生代第三紀中新世中期に、大阪湾側から海進が始まったその当時、奈良県西北部では、二上山を中心として各地で火山活動が起こる。これを瀬戸内火山とよんでいる。これらの火山活動によって生まれたのが、北から三笠山・生駒山の宝山寺山・信貴山・二上山とそれに耳成山と畝傍山である。

　二上山とその周辺では火山活動は活発となり、火山岩や火山灰などの砕屑岩が堆積した地層が多く、何回も火山活動を繰り返している。しかし、橿原市の耳成山と畝傍山の周辺には、こうした火山堆積物はほとんどみられない。おそらく風化や浸食作用によって流出したと考えられる。

　二上山や畝傍・耳成山が噴火活動を終えてから、約500万年の歳月が流れた新生代第三紀鮮新世から第四紀更新世にかけて、近畿地方の内陸部は再び沈降し、湖や内海の時代を迎える。この時生じた内海を第二瀬戸内海といい、奈良盆地の北西部を中心に海水が流れ込み地層が堆積した。これを第二瀬戸内累層群という。これらの地層は、奈良県の北西部の丘陵地帯である奈良市の登美ケ丘や郡山市の矢田丘陵それに香芝市周辺にみられ、れき・砂・粘土層など軟弱な地層でできており、これらの地層を大阪層群とよんでいる。また、吉野川両岸の段丘状堆積層や中央構造線を覆っている砂れき層も第二瀬戸内累層群に属している。これらの地層にはいずれも、モミ・メタセコイア・ハンノキの他、湖沼等でみられるヒシの石果の化石など、多くの種類の植物遺体が産出する。（図12）

　飛鳥地域では、これらの地層はみられない。

メタセコイア

イボビシ

オオバタクルミ

図15．植物化石

　第四紀更新世末期の２万年前頃になると水は引き始め、１万年前の第四紀完新世のころには、湖沼もほとんど消滅してしまったが、

小さな淡水の沼地や池などは残ったと考えられる。その証拠として、地形のところでも述べたように、湿原地にみられる植物の化石が発見されている。

⑤ 大和三山の形成と岩石

新生代第三紀中新世中期に火山活動によって生じた耳成山と畝傍山は、その後周辺の山々と共に長期にわたり、風化と浸食作用を繰り返し低山化していく。大和三山の内、耳成山と畝傍山は火山岩でできているので風化しにくく、山として残る。また、香久山を形成するはんれい岩は、周囲の花こう岩より風化しにくいので、浸食されず山として残っていく。こうして、大和三山の基礎が築かれた。（図14）

現在、畝傍山の山麓の北側には基盤のはんれい岩が、南側には花こう岩が露出している。その高さは平地から約30mあり、浸食作用を強く受けていることがわかる。それに対して、耳成山は麓が新しい土砂で埋もれており、花こう岩等の基盤岩はみられない。その理由として、耳成山の東から北側を流れる米川が堆積物を運んだと考えられる。また、耳成山を造る流紋岩の流理を調べることによって、火道の中心は現在の山頂の北西方向にあったことがわかった。

大和三山の岩石については、耳成山と畝傍山は火山の噴火によってできた火山岩で流紋岩である。この岩石をよく観察してみると、筋状の模様があり溶岩の流れた跡がみられる。これを流理といい、流れた紋のある岩石、つまり流紋岩と名付けられた。（図13）流紋岩は火山岩のうち酸性岩に属し、石英・正長石・斜長石・黒雲母などの小さな結晶が岩石中にみられる。このような小さな結晶を斑晶といい、結晶の周囲の部分を石基という。畝傍山の流紋岩には、石英・斜長石・黒雲母の斑晶がみられるが、耳成山の流紋岩は、これらの鉱物の他に珍しいザクロ石（ガーネット）の小さな結晶が含まれている。ではなぜ火山岩は石基と斑晶に分かれているのか。その理由は、マグマが地上に上昇する時、マグマだまりの中や火道を通過する間にマグマが低温となって一部の鉱物の結晶化が進み、その後地表近くで急激に冷えて固まったからである。流紋岩は800℃前後の低温の元で生まれた岩石で、そのため固まりやすく急な斜面の山々を形成する。

図16. 流紋岩（耳成山）

香久山を構成する岩石ははんれい岩である。はんれい岩などの深成岩は、高温の地下深所で長い時間をかけて生まれるので、大きな鉱物の結晶が組合わさった岩石となる。このような組織を等粒状組織という。

香久山付近のはんれい岩の造岩鉱物は、斜長石・角閃石・輝石が主でカンラン石はほとんどみられない。香久山から北東に広がる万葉の森は、角閃石を含む花こう岩でできており、はんれい岩より風化しやすいので標高100m前後の丘陵地になっている。さらにその北東部の東池尻町は70mの低地で、2011年12月に見つかった、6世紀後半以前に築かれた磐余池の人口堤防ではないかという説のある町である。

大和三山の地質図

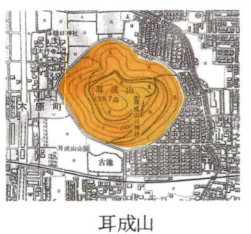

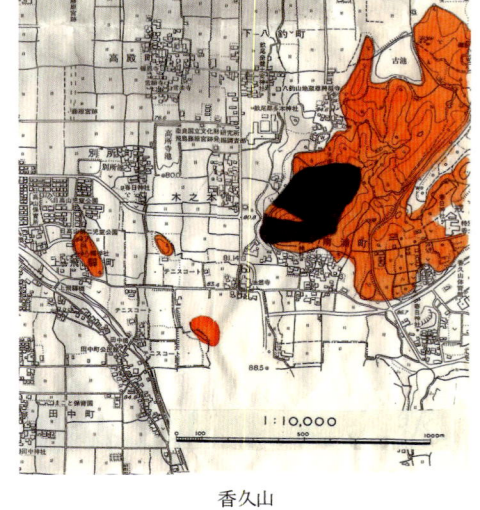

- 黒雲母花崗岩（クロウンモカコウ岩）
- 黒雲母角閃石花崗岩（クロウンモカクセンセキカコウ岩）
- 斑励岩（ハンレイ岩）
- 流紋岩（リュウモン岩）

耳成山

畝傍山

香久山

1:10,000

図14．大和三山の地質図

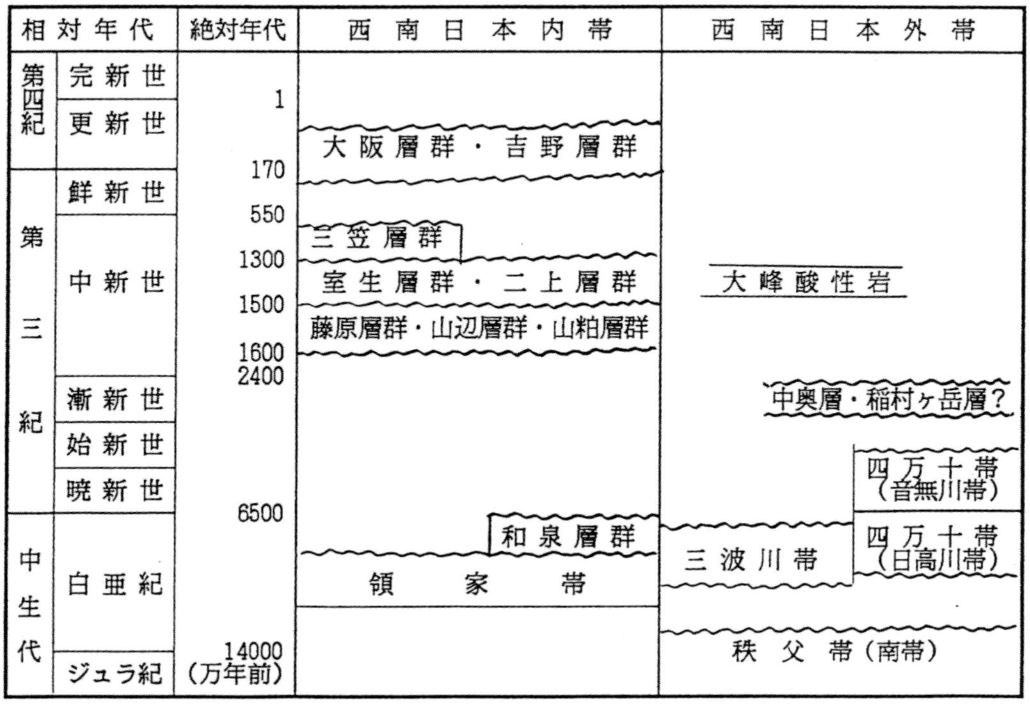

相対年代		絶対年代	西 南 日 本 内 帯	西 南 日 本 外 帯
第四紀	完新世	1		
	更新世	170	大阪層群・吉野層群	
第三紀	鮮新世	550		
	中新世	1300	三笠層群	大峰酸性岩
		1500	室生層群・二上層群	
		1600	藤原層群・山辺層群・山粕層群	
	漸新世	2400		中奥層・稲村ヶ岳層？
	始新世			四万十帯（音無川帯）
	暁新世	6500		
中生代	白亜紀		和泉層群	三波川帯 四万十帯（日高川帯）
			領　　家　　帯	
	ジュラ紀	14000（万年前）		秩　父　帯（南帯）

図15．奈良県の地質層序表

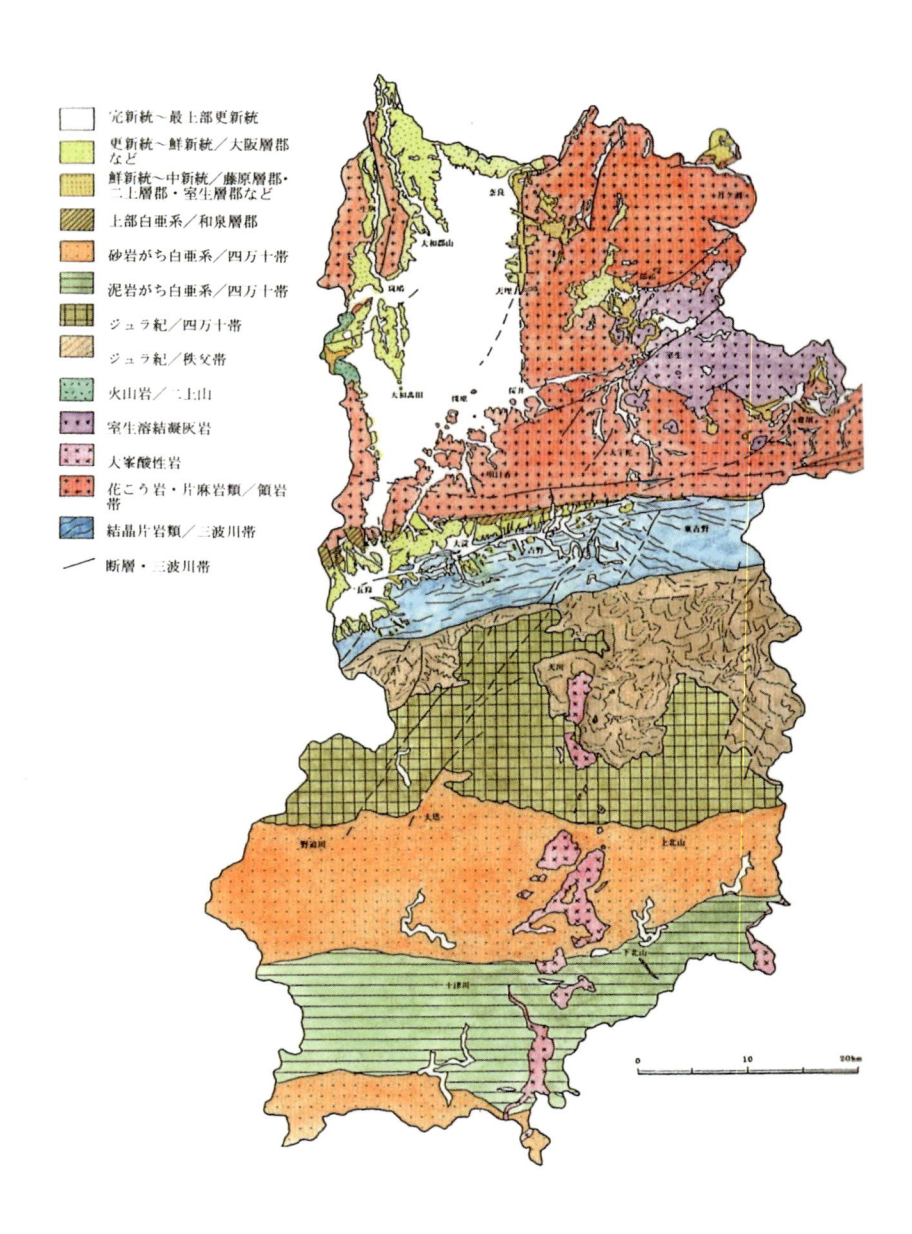

図16．奈良県地質概略図

4. 火成岩

① 火成岩の産状と組織

火成岩は、全て地下深所で発生したマグマが地下や地表で冷却して生じた岩石である。大きく分けて、深成岩と火山岩に分類される。深成岩は、地下深所で時間をかけてゆっくりと冷却して固まったもので、そのため鉱物の結晶化が進み、大きな鉱物粒が集まってできている。このような組織を等粒状組織という。

火山岩は、火山活動でマグマが地表に噴出したり、地表近くで急激に冷えて固まったもので、結晶する時間がなかったので、鉱物粒は一般に小さくガラス質を含んだりする。小さい結晶やガラス質の部分を石基といい、その中に少し大きい結晶粒も少しではあるが含まれることがある。この結晶を斑晶という。斑晶はマグマだまりや火道で生成されていると考えられている。また、火山岩には火山ガスの抜けた穴があったり、流状組織を示したりする。

② 火山岩の生成と火山の型

火山活動の原料となるマグマの発生する場所は地域によって異なる。現在は地震波の記録により明らかにされている。その深さは、地下 250km～150km で発生してマグマのかたまりのマグマポケットが集まり、その上に存在する地下 150km～10km の火道を上昇する。上部の地殻が柔らかい場合には、直接噴火するが、地殻が堅い場合には地下 10km～1km でマグマだまりを造る。マグマだまりでは、水蒸気や二酸化イオウ・二酸化炭素などのガスが発生する。さらにマグマが上昇して地表に噴出して火山活動が起こり、溶岩が流出して火山岩が生成する（図20）。

このとき、マグマの温度や火山活動の違いで火山の形態が異なる。約1200℃の高温のマグマが噴出した場合は、溶岩は流れやすく平坦な地形を造る。この地形を溶岩台地といい、この火山を楯状火山という。このような火山は、ハワイ島に多い。1200℃より少し温度の低い場合は、何度も噴火してできる成層火山になることが多く、富士山や鹿児島県の桜島が有名である。1100℃前後の溶岩の噴出でできた火山は、大噴火が起こりやすく群馬県と長野県との境にある浅間山が有名である。さらに温度の低い 1000℃～900℃のもとでは、溶岩の粘性が強く固まりやすいので、盛り上がった急斜面の火山を形成する。こうしてできた火山地形を溶岩円頂丘という。日本でこのタイプの火山は、北海道の昭和新山である。橿原市でみられる畝傍山や耳成山、それに二上山の雌岳は、この火山に属する。また、マグマの温度の低い場合には、火山灰や火山弾・火山岩塊が高速度で斜面を流下する、いわゆる火砕流が発生する。長崎県の雲仙普賢岳の火砕流がよく知られている。（図表2）

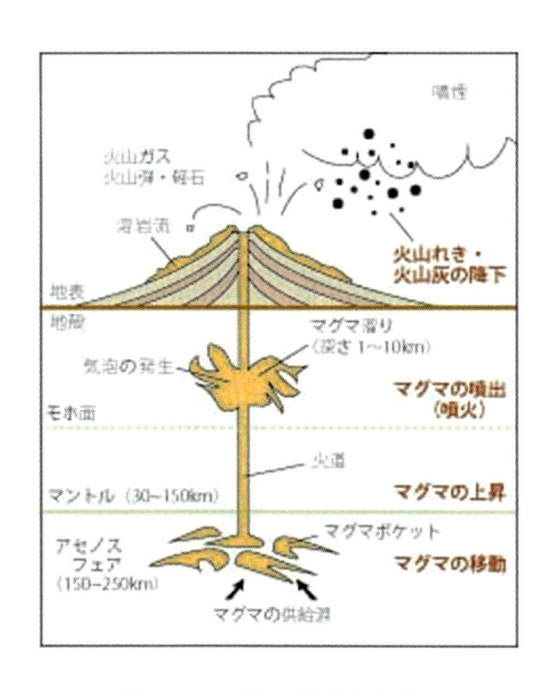

図17. マグマだまりと火山

③ 火成岩の分類

　火成岩は、深成岩と火山岩に大きく分類される。さらに岩石を構成する鉱物（造岩鉱物）の種類とその量で分類されている。造岩鉱物の種類とその量は、岩石全体の二酸化珪素（SiO_2）の含有量で決められている。その理由は、鉱物によって二酸化珪素の含有量が異なり、また、鉱物が結晶するときの温度に差があるからである。これにより色や比重も異なり、色は色指数で示されている。色指数の大きい岩石は、色が黒っぽい。色の違いは、白色の無色鉱物と黒っぽい有色鉱物の含有量の違いによるものである。また、二酸化珪素の含有量の多い岩石は、白っぽく酸性岩といい、少ないものは黒く塩基性岩、二酸化珪素が52%～66%前後のものは灰色を示し、中性岩という。

　岩石の含まれる造岩鉱物の量や種類の異なる理由は、火山岩の生成と火山の型で述べたように、マグマの温度による。高温のもとで結晶する鉱物のうち無色鉱物では、カルシウム（Ca）に富む斜長石（灰長石）、有色鉱物ではカンラン石や輝石、約1100℃の温度でできる造岩鉱物では、カルシウムとナトリウム（Na）を均等に含む斜長石や石英（SiO_2）などの無色鉱物、有色鉱物では角閃石や輝石などである。低温で生まれる無色鉱物は、石英や正長石（カリ長石）・ナトリウムに富む斜長石（ソウ長石）などで、有色鉱物では黒雲母や角閃石でその量は少ない。（図表1）

　岩石名については、深成岩では白っぽい酸性岩を花こう岩、中間色の中性岩を閃緑岩、黒っぽい塩基性岩をはんれい岩とよんでいる。火山岩では、酸性岩を流紋岩、中性岩を安山岩、塩基性岩をげんぶ岩という。

組織	斑状	火山岩	ゲンブ岩	アンザン岩	リュウモン岩
	等粒状	深成岩	ハンレイ岩	センリョク岩	カコウ岩
二酸化珪素の含有量(%)			塩基性岩　　中性岩　　酸性岩 45%←――――52%――――→66%		
色指数			65%←―――――35%―――――→15% 黒・暗灰色　　　　　　　　　淡灰色		
比重			約3.2←――――――――――→約2.7		
造岩鉱物	無色鉱物		Caに富む シャチョウ石		セキエイ／セイチョウ石
	有色鉱物		キ石／カンラン石	カクセン石	Naに富む／黒雲母

図表1. 火成岩の分類

岩　石　名	ゲンブ岩	アンザン岩	リュウモン岩
噴出時の温度	1200℃←	──── 1100℃ ────	→900℃
粘　　　性	小さい(流れやすい)←	────────────	→大きい(粘り強い)
噴火の形式	静かな活動で溶岩流が多い←	──	→爆発的で火山弾や軽石が多い

図表2. 溶岩の性質

参考文献

西田史朗（1991）奈良県地学情報ボックス．奈良県の概略（地形・地質・地史）

柴田博・糸魚川淳二（1989）アーバンクボタ (28):2-9

奥田忠良（1993）大和のいきもの．奈良県の地形と地質

Chapter II せきつい動物
II−1 哺乳類

はじめに

　飛鳥地域（明日香村・高取町・橿原市）で確認されたことがある哺乳類は7目12科18(亜)種であるが、そのうちチョウセンイタチ、アライグマは外来種である。定着したチョウセンイタチやアライグマの増加は著しく、一部では農作物への被害も出ている。また、在来種への捕食や競合といった影響も無視できない。ホンシュウジカ（ニホンジカ）やホンドザル（ニホンザル）やニホンイノシシの在来種は、明日香・高取の山間部に生息しており、ホンドザルが橿原の市街地にも現れる。山間部の畑では、ニホンイノシシやニホンジカによる農作物への被害も出ている。齧歯目（ネズミの仲間）や食虫目（モグラの仲間）は小型や土中に生息するということもあり情報が少なく、今後の調査によっては生息種数が増える可能性が高い。

1．ホンシュウジカ（ニホンジカ）
（*Cervus nippon centralis*）

郷土種（奈良県レッドリスト）
① 偶蹄目シカ科
② 本州（日本固有亜種）
③ 日本に7亜種生息するうちのひとつ。草や木の葉、木の皮を食べる草食性。奈良の春日大社や宮島の厳島神社では神の使いとして親しまれている。その一方で奈良の大台ケ原などでは数が増えすぎてしまい、樹皮を食べることによって樹木を枯らすなどの被害が生じている。
④ 橿原市では目撃されることはないが、高取町や明日香村ではときたま目撃される。

2．イノブタ

① ウシ目イノシシ科
② 本州
③ 雑食性。里地、里山の田畑やタケノコ林などの作物を食べたり、地面を掘り返したりしてミミズなどを食する。イノシシとブタの交配によって人為的に生産されたものが野生化している。年2回繁殖すると言われている。イノブタ同士や野生のイノシシとも繁殖するため飛鳥地域で見られるイノシシはほとんどがイノブタである。
④ 飛鳥地域では、個体数が爆発的に増えており橿原市の貝吹山や香具山周辺でも目撃されている。高取や明日香では農作物に被害が出るので田んぼに電柵が設置されている。有害鳥獣に指定され捕獲が勧められている。平成27年度高取町での捕獲数は3個体、平成28年度のそれは100個体を越えている。

3．キュウシュウノウサギ
(*Lepus brachyurus brachyurus*)

①兎目ウサギ科
②本州、四国、九州（日本固有種）

③日本に4亜種生息するノウサギのうちのひとつ。草や木の葉を食べる草食性。別亜種トウホクノウサギ（*L. b. angustidens*）と違い、冬になっても毛の色が白くなることはない。また、飼育されているカイウサギと違い穴を掘って生活することはない。
④橿原市では南部の林や草地でしばしば目撃される。明日香村にも生息する。

4．ウサギ（カイウサギ）
(*Oryctolagus cuniculus*)

①兎目ウサギ科
②日本全国に散発的
③ヨーロッパ原産のアナウサギを品種改良した外来種で、ペットとして飼育されるほか、食肉や毛皮としても利用される。主に草を食べる草食性で、土中に穴を掘って巣を作ることから定着した一部島嶼では土壌流出の被害を起こしている。
④橿原市で2007年9月におそらくペットが逃げ出したもの（写真）が野外で発見されているが定着はしていないと思われる。

5．ニホンリス（*Sciurus lis*）
①齧歯目リス科
②本州、四国、九州
③低山を中心に平地から高山まで見られる。体は灰褐色で腹部は白い。目立つ模様はない。大きな尻尾が特徴的。樹上生活をし、木の種子や果実、若葉、昆虫、鳥の卵などを食べる雑食性。
④橿原神宮に生息したという報告があるが、現在の状況は不明。

6．ムササビ（*Petaurista leucogenys*）
①齧歯目リス科
②本州、四国、九州（日本固有種）
③木の葉や、芽、果実、種子などを食べる草食性。松ぼっくりから種子を食べた後の残り屑はその形から通称エビフライと呼ばれ、ムササビの生息を知る手がかりとなる。足の間にある皮膜で木々の間を滑空することができる。
④橿原神宮付近で目撃されている。高取から明日香の山間に生息している可能性があるが報告が無い。

7．ホンドカヤネズミ
（*Micromys minutus japonicus*）
希少種（奈良県レッドリスト）
①齧歯目ネズミ科
②本州、四国、九州、対馬等（日本固有亜種）

③日本で一番小さなネズミ。イネ科の種子や昆虫を食べる雑食性。背の高いイネ科植物の生えた草地に生息する。イネ科植物の葉を細かく裂き綴って写真のような球形の巣を作ることが知られている。
④畝傍山付近や南東部で巣が見つかっているし、高取や明日香の草地でしばしば巣が見つかる。河川の護岸などによる草地の減少により最近の生息数の減少が言われている。生活に高い草地が必ず必要なので保護にはそのような場所の保存が必須。草刈の際には同一場所では時期をずらして2回に分けて行うなどの配慮が必要である。

8．ドブネズミ（*Rattus norvegicus*）
①齧歯目ネズミ科
②日本全国
③人為分布により世界的に分布するネズミで人里近くに住むが、下水道や家の中にも侵入する。泳ぎも上手である。家内の食物を荒らしたりするため、駆除も行われている。肉食性が強いが何でもよく食べる雑食性。
④しばしば目撃例があることから生息はしているが、詳細は不明。ネズミの仲間は他の種も生息している可能性が非常に高いが、目撃しただけでは種の識別が困難なために今後詳しい調査が必要である。

9．コウベモグラ（*Mogera wogura*）

①食虫目モグラ科
②本州、四国、九州、対馬など
③西日本ではもっとも一般的なモグラ。平地から山地の土中にトンネルを掘り、昆虫やミミズを食べる肉食性。農作物を荒らすと言われるが、穴を掘るだけで植物質を食べることは無い。トンネルを掘った時に出る土は地表に捨てられるため、モグラが生息していると写真のようなモグラ塚と呼ばれる土盛りが見られるようになる。
④奈良県の地方名で「おんごろ」と呼ばれることがあるが、田の畦に穴を穿つことからきているらしい。飛鳥地域では、しばしばモグラ塚が見られることから、本種が生息している可能性が高い。しかし橿原市や明日香村周辺におけるモグラの仲間はカワネズミが調査されたが発見されなかった以外はあまり生息の有無が調査されておらず、今後の調査が必要である。

１０．イエコウモリ（アブラコウモリ）
（*Pipistrellus abramus*）

①翼手目ヒナコウモリ科
②本州、四国、九州、対馬、南西諸島など
③主に昆虫を食べる肉食性。最もよく見られるコウモリで、夕方薄暗くなると盛んに昆虫を追って飛ぶ姿が観察される。昼間は屋根裏などに入り込み休息し、冬期には冬眠する。
④奈良盆地では最もよく見られるコウモリで、橿原市では市街地でも夕方に数多く飛翔するのが観察される。

１１．ホンドザル（ニホンザル）
（*Macaca fuscata fuscata*）

①霊長目オナガザル科
②本州、四国、九州（日本固有種）
③主に果実や木の葉を食べるが、ときおり昆虫なども食べる草食性の強い雑食性。群れで生息するが、若い雄は群れを離れて放浪する習性を持つ。日本には他に別亜種として九州の屋久島にヤクシマザル（*M. f. yakui*）が生息する。
④橿原の市街地では群れを離れた若い雄と思われる単独個体がしばしば目撃されるが、群れは定着していない。宇陀市や吉野町の山間部では、定着しており群れを離れた個体の行動範囲が広いので飛鳥地域にも出現している。奈良県では特定動物に指定されており、飼育には県の許可が必要である。

１２．ホンドキツネ
（*Vulpes vulpes japonica*）

①食肉目イヌ科
②本州、四国、九州（日本固有亜種）
③主に小動物を食べるが、果実類も食べる肉食性の強い雑食性。山地から里山まで見られるが、市街地では見られない。警戒心が強くあまり人に近づくことは無い。日本には他に別亜種として北海道にキタキツネ（*V. v. schrencki*）が生息する。
④2006年6月に香久山の付近で交通事故死した個体（写真）が確認されているほか、南東部や橿原神宮で目撃例がある。行動範囲は広い。

１３．ホンドタヌキ
(*Nyctereutes procyonoides viverrinus*)

① 食肉目イヌ科
② 本州、四国、九州（日本固有亜種）
③ 動物質も植物質も食べる雑食性。山地から里山、時には市街地まで見られ、かなり広い適応性を持つ。ゴミをあさったり、人から食べ物をもらったりもする。日本には他に別亜種として北海道にエゾタヌキ（*N. p. albus*）が生息する。
④ 近鉄大和八木駅付近でも目撃されるなどかなり中心部の市街地でも見られることがある。この地域には、多く生息していると思われる。ときおり重度の疥癬症に罹患しているものが見られる。

１４．ハクビシン（*Paguma larvata*）

① ネコ目ジャコウネコ科
② アジア原産、日本全国
③ 古い時代に毛皮をとるために移入され繁殖していると考えられる。尾を入れて全長１ｍ。雑食性であるがカキやミカンなどの果実を好む。アライグマと同様、民家の屋根裏や床下にも棲み着く。年に１回数匹を出産する。母親を中心とした家族をつくっており、群れをつくることもある。
④ カキ、ミカン、ブドウ畑に被害を与えたしているが、アライグマほどではなく特定外来種にはなっていない。飛鳥地域で見つかることは、希であり捕獲されたのも初めてである。今回の個体は、調査後解放した。香港をはじめアジアの地域では、野生生物保護法の対象となっている。

１５．ニホンアナグマ（*Meles anakumas*）

① 食肉目イタチ科
② 北海道と琉球列島を除く日本全国
③ 日本在来種。体長60cm程度。20cm程度の尾を持つ。気温が10℃以下になる冬季には冬眠する。年１回数個体を出産する。食性は、タヌキと同様ミミズや昆虫類を主食とする。母親がメスの子ども１個体を残して一緒に生活する。アライグやタヌキと生息域が同じのため個体数は減少している。
④ 飛鳥地域でも多くいるようであるが、希にしか捕獲されない。地域では有害鳥獣となっている。ニホンアナグマは、擬死をする。

タヌキ寝入りの語源は、本種である。また、本種は古くから人々のタンパク源として利用されており狸汁として食されていた。

１６．ニホンイタチ（ホンドイタチ）
（*Mustela itatsi*）

①食肉目イタチ科
②本州、四国、九州（北海道、琉球列島に人為的移入）（日本固有種）
③小型爬虫類や哺乳類などの小動物を食べる肉食性。時に水中にも入りザリガニなども捕まえる。敵に襲われたりすると肛門脇にある臭腺からくさい臭いを出す。
④ニホンイタチらしき個体が確認されているが、次種のチョウセンイタチとの識別が難しくどの程度生息しているかは精査が必要である。

１７．チョウセンイタチ
（*Mustela sibirica coreana*）

①食肉目イタチ科
②対馬（本州、四国、九州に人為的移入）
③小型爬虫類や哺乳類などの小動物を食べるが、ニホンイタチより雑食性が強いらしく、果実なども食べる。最近、西日本各地で目撃例が増加しており、大都会の中心部でも見られることがある。イタチに比べてやや大型になり、尾率が頭胴長の50％を超えるなどの違いがあるが区別は難しい。

④飛鳥地域でも多く目撃されている。しかしニホンイタチとの識別が難しく、どの程度生息しているのかは精査が必要である。外来種であり動向に注意を必要とする種である。

１８．アライグマ（*Procyon lotor*）

特定外来生物
①食肉目アライグマ科
②人為的移入により日本各地
③北アメリカ原産の外来種で、ペットが遺棄されたり逃げたものが日本各地に定着している。動物質も植物質も食べる雑食性。里山や時には市街地まで見られ、かなり広い適応性を持ち、人家の屋根裏で繁殖する例もある。また器用な指先をしており、木に昇ったりもする。特定外来生物。写真は幼獣である。
④奈良県では急速に分布が拡大しており、捕獲例が増えている。目撃例が急増しており、繁殖も確認されている。農作物を食べたり文化財に傷をつけたりすることから行政による駆除も行われている。

写真・情報提供者
井上登・前田一郎・島田正吾

参考文献
橿原市役所（1987）橿原市史　本編　下巻：pp1011.
小宮輝之（2010）フィールドベスト図鑑　増補改訂　日本の哺乳類．学研：pp264.

Ⅱ-2 鳥類

1．はじめに

　近年、これまでわたしたちの最も身近な存在であったスズメがその個体数を減らしているという。種々の原因が考えられるがそのひとつがわたしたち人間の生活様式の変化にあるといわれている。

　たとえば、家屋の構造。スレート瓦や耐久性に優れた新建材を使った気密性の高い家屋にはスズメが営巣する隙間がない。いわば住宅難である。困ったスズメたちが営巣場所として選んだのが電柱である。家の近くの電柱の狭い横パイプに出入りしているスズメはいないだろうか。

　餌不足も原因のひとつに挙げられる。スズメは草の実や種子など主に植物質のものを食べている。繁殖期には小さな昆虫類も餌にするが、農地の宅地化や地面の舗装化、殺虫剤や除草剤の使用は彼らの良い餌場を減らし続けている。

　そういったさまざまの子育て環境の変化にともない、スズメも少子化が進み、結果、個体数の減少がいわれるようになっている。飛鳥（明日香・高取・橿原）地域ではどうだろうか。スズメが少なくなったと感じることはないだろうか。そして、ほかにも最近あまり見なくなった、あるいは逆によく見かけるようになった鳥はいないだろうか。

　本章では飛鳥地域に生息する野鳥を採り上げている。まずはその現状とそれを取り巻く環境について概観する。

　飛鳥地域は奈良盆地の南端、平地がゆるやかに丘陵地、そして低山へと移行していくところに位置する。

　北部の平地では曽我川、高取川、飛鳥川、寺川といった河川や点在する溜池、古墳の周濠が水辺環境を作り出している。そして、その周辺には藤原宮跡に代表される草地や農耕地が広がり、その中にまるで島が浮かぶがごとく大和三山の緑豊かな山容がある。

　南部の丘陵地から低山に繋がるなだらかな傾斜地には、いわゆる谷戸（やと）が棚田となって広がり、核となる集落、周囲の雑木林や二次林と共に里地・里山を形作っている。

　また、東部の多武峰山系から南部の高取山系の標高６００～７００ｍの低山には落葉広葉樹林や針広混交林、スギやヒノキの人工林が広がる。

　これら多様な環境から成る飛鳥地域ではこれまでに１８目４９科１９０種（３亜種）の野鳥と３目３科３種の外来種が記録されている。これは奈良県で確認されている野鳥の７５％にあたる。

　総数に占める割合を渡り区分によって見ていくと、最も多いのは冬鳥で３５％、次いで留鳥が２５％、そして、通過鳥１２％、夏鳥１０％、旅鳥７％、漂行鳥５％、迷鳥２％、その他５％と続く。

　冬鳥の３分の１はカモの仲間である。毎年１月、日本野鳥の会奈良支部によって県内で越冬するカモの生息調査が行われていて、飛鳥地域では深田池、東池尻古池、小綱池など１０ヶ所がその対象となっている。

　それによると生息個体数は年々減少傾向にあり、約半数の池では生息数ゼロの年があるなど不安定な状況になっている。その年の気象条件などによって南下するカモの個体数が全国的に少ないこともあるが、越冬期の河川や溜池の改修工事、溜池の水抜き、ネットやテグスによる鳥除けなどの影響も少なからずあると考えられる。

　留鳥と夏鳥を合わせると全体の３分の１を占める。これらの鳥たちは水辺のヨシ原や田

んぼの畔、雑木林の茂みや樹洞に営巣場所を求め繁殖している。子育て中の鳥たちにとって営巣場所の安定的な確保と共に、ヒナに与える餌となる動植物の質と量が繁殖の成否を左右する大事なカギとなる。鳥たちが飛鳥地域を俯瞰したとき、農耕地の宅地や道路への改変、溜池や河川の改修、里山の荒廃、放置竹林の拡大ははたしてどのように映っているのだろうか。

　通過鳥や旅鳥、漂行鳥の多くが渡りの途中に飛鳥地域に立ち寄っていくのも、より良い休息場所や採餌場所を求めてのことである。飛鳥地域は鳥たちが次のシーズンにもまたここを目指してやって来たいと思ってくれるような場所になっているだろうか。

　飛鳥地域に生息する鳥の中から、わりあい普通に見られる鳥28種を「水辺の鳥」「農耕地や集落周辺の鳥」「森や林の鳥」に大別して解説した。⑤の「鳥と人との関係」の項では飛鳥地域が記紀万葉と深く関わる地であることから、「万葉の鳥」に触れた。万葉集には鳥を詠いこんだ歌が470首余りある。門外漢の稚拙な解釈を以ってしても、習性や形態、生息環境が限られた言葉の中に実に巧みに表現されていることには驚くばかりである。そして、日々共に生きる仲間である鳥たちに対する慈しみの心は、今を生きるわたしたちにも相通じるものを感じさせる。

　付表として「飛鳥地域（明日香・高取・橿原）鳥類目録」をまとめた。備考欄には環境省レッドリストと奈良県版レッドデータブックの評価を記載してある。こんなにも多くの希少な鳥がこの飛鳥地域で記録されていることを知っていただくと同時に、こんなにも多くの鳥を希少な存在にしているものは何なのかを考えるきっかけになればと思う。この一覧表をベースに、さらに多くの観察記録が積み上げられていくことを願っている。

　飛鳥地域には多くのバードウォッチャーに親しまれる探鳥地がある。例えば、畝傍山を含む橿原森林公苑、香久山万葉の森、高取山、甘樫丘などが挙げられる。甘樫丘を除く3ヶ所については「奈良県野鳥観察ガイドブック」（奈良県森林整備課2013）に詳しく紹介されているので参考にされたい。もちろんそのような探鳥地に出かけなくとも散歩を楽しみながら、あるいは畑仕事をしながら、ちょっと鳥の姿に目を向け、声に耳を傾けることはできる。冒頭でスズメの現状に触れたが、まずは身近なところから、野鳥たちの今に関心を寄せていただければと思う。

　本章がその入り口のひとつになれば幸いである。

Ⅱ—2—1　水辺の鳥

1．ヒドリガモ　*Anas penelope*
①カモ目カモ科マガモ属
②体長（以下、Lと表す）４８.５㎝。中型の淡水ガモ。雄は頭部から胸が赤茶色で「緋鳥鴨」の名前の由来となっている。頭頂部から前額部にかけてクリーム色の帯模様があり、このカモのトレードマークになっている。体はほぼ灰白色。雌は体全体が茶褐色。雌雄とも額が丸く出っ張った独特の形をしている。嘴は青灰色で短め。
③冬鳥として九州以北の全国に渡来する。
④内湾、河口、河川、湖沼、溜池に生息する。水面をせわしなく泳ぎまわりながら浮いている植物の種子、藻類、水生昆虫を食べたり、水辺の草の実やスイレンの葉をくわえ取ったりする。雄はピューン　ピューンと笛のような特有のよく通る声で鳴く。
⑤飛鳥地域で見られるカモ類の中では、マガモ、カルガモ、コガモに次いで多く、毎年２５０羽ほどが越冬している。特に深田池に渡来するヒドリガモはほかのカモ類に比べて年による個体数の変動がほとんどなく、この１０年あまり約１５０羽前後がコンスタントにカウントされている。パンやコメなどで餌付けされていることが理由のひとつと考えられ、人の姿を見つけると近寄り、押し合い圧し合いしつつにぎやかに餌を食べるのが見られる。狩猟の対象になっている。

2．カルガモ　*Anas zonorhyncha*
①カモ目カモ科マガモ属
②Ｌ６０.５㎝。雌雄ほぼ同色の淡水ガモ。全体が黒褐色でベージュ色の羽縁がある。白っぽい顔には黒い過眼線が目立つ。嘴は黒く、先端が黄色い。足は鮮やかなオレンジ色。翼を広げると青い翼鏡が美しい。
③留鳥または冬鳥として全国に普通に分布する。北海道では大部分が夏鳥で冬期は南へ移動する。
④海辺、河川、湖沼、溜池、水田に生息し、都市公園の池でも見られる。イネ科植物やタデの実、水底の藻類、タニシや水生昆虫などを食べる。浅い水辺で、首を伸ばして泥をすくいながら前進して餌を採る姿をよく見かける。水辺近くの草むらで営巣し、１０～１２個の卵を産んで雌が育てる。市街地の公園の池やオフィス街の人工池で繁殖することも多く、小さなヒナを連れている姿が身近なところでも見られるカモ。鳴き声はグエッ　グエッ。飛んでいるときにもよく鳴く。
⑤皇居のお濠のカルガモさんで知名度が上がった。飛鳥地域でも年中普通に見られ、越冬期の調査ではマガモに次いで多くカウントさ

れている。橿原市の石川池（剣池）の畔には、「軽の池の汭廻行き廻る鴨すらに玉藻のうへに独り宿なくに」（万葉集巻三３９０）の碑がある。カルガモ(軽鴨)の名の由来となる「軽の池」がこの辺りにあったと考えられている。「夏鴨」「軽の子」などが夏の季語。狩猟鳥。

3．ハシビロガモ　*Anas clypeata*
①カモ目カモ科マガモ属
②Ｌ５９㎝。「嘴広鴨」の名前が表すように嘴の幅が広い淡水ガモ。英名ではスコップに見立てて「Common shoveler」という。この嘴は餌を濾しとるために合わせ目が櫛状になっている。雄の頭部は金属光沢のある濃い緑色で、胸と下腹が共に白く、間にはさまれた脇腹の赤褐色が目立つ。虹彩は黄色。雌は全体が明るい褐色でマガモの雌に似ているが、嘴の形状で識別できる。カモの場合、夏の終わりに換羽した雄は雌とよく似たエクリプスという状態になるが、ハシビロガモの雄にはその中間状態のサブエクリプスと呼ぶ期間がある。
③北海道で少数が繁殖するが、大部分は冬鳥として本州以南に渡来し越冬する。
④内湾、河口、河川、湖沼、溜池に生息する。何羽かが集まって頭を寄せ合い、水面で円を描くように泳いで渦を作り、浮き上がってきたプランクトンを食べる。この様子から「めぐりがも」とか「まいがも」という古名があった。イネ科植物の実やヨシの種子、貝や水生昆虫なども餌にしている。雄はクエッ　クエッ、雌はガー　ガーと鳴くが、あまり鳴くことはない。
⑤溜池との関わりが深いカモと考えられ奈良、香川、大阪、岡山といった溜池の多数点在する府県で、越冬しているカモの総数に占める割合が比較的高くなっている。飛鳥地域では十市池、東池尻古池、石川池でよく見られているが、冬期、池の水が抜かれると生息できなくなり移動する。狩猟鳥。

4．カワウ　*Phalacrocorax carbo*
①カツオドリ目ウ科ウ属
②Ｌ８２㎝。翼開長（以下、Ｗと表す）１２９㎝。体全体が光沢のある黒褐色。嘴は白っぽく、裸出した基部は黄色い。頬から喉にかけて白い。虹彩は緑色。繁殖期に婚姻色が出ると頭部が白くなり、足の付け根に目立つ白斑が出てくる。
③留鳥または漂鳥として本州から九州にかけて分布し、局地的に繁殖する。北海道では夏鳥。
④海岸、河口、河川、湖沼、溜池に生息する。水かきのある足で水中を巧みに泳ぎ、魚を捕らえると水面に浮上して丸呑みにする。水か

ら上がると岸辺の岩や杭の上で翼を広げてひらひらさせながら乾かす。カモのように脂腺が発達していないため羽の撥水効果が乏しいからである。初冬から水辺の林にコロニー（集団繁殖地）を作って繁殖を始める。雄は頭を後ろに反らせて尾羽を立て、翼を振り立てて求愛ディスプレーをする。非繁殖期にも特定の集団ねぐらに集まって寝ている。

⑤カワウと人との関わりは古く、古代には既に鵜飼が行われていた。万葉集にも「隠口の泊瀬の川の上つ瀬に鵜を八頭潜け下つ瀬に鵜を八頭潜け‥」（巻十三３３３０）など１２首に鵜が登場する。１９６０～７０年代には狩猟や駆除、水質汚染、農薬や有害な化学物質などの影響で激減。絶滅危惧種に評価されていたが、環境意識の高まりと共に生息状況が改善し個体数が回復した。橿原市での初認は１９９６年で、当時、カワウは県内でも生息程度が稀な漂行鳥だった。１９９９年からは深田池畔の林で繁殖を始め、今では県内で最大級のコロニーを形成している。個体数の増加にともなって漁業被害を与えたり、コロニー付近では糞による樹木の枯死や悪臭、鳴き声による騒音などさまざまな問題を引き起こしている。共生を考えるべく、保護管理策が講じられている。

５．アオサギ　*Ardea cinerea*

①ペリカン目サギ科アオサギ属

②Ｌ９３㎝。Ｗ１６０㎝。雌雄同色。日本産サギ類で最大。体全体が灰色を帯びた青色で、頭頂部、顔、前頸部が白い。背と胸元には灰色の飾り羽がある。目の上から後頭部にかけて太い黒線があり、後頭部の羽毛は冠羽になっている。嘴と足は黄褐色でどちらも長い。虹彩は黄色。飛ぶと背面の灰青色と黒い風切羽のコントラストが際立つ。

③本州から九州では留鳥として、北海道では夏鳥として分布し繁殖する。九州以南の島嶼部では冬鳥。

④海岸、河口、河川、湖沼、溜池、水田に生息する。魚、カエル、ザリガニ、トカゲ、昆虫などを嘴ではさんで捕える。コイなど大きな魚は嘴で突き刺し丸呑みにする。岸辺の浅い水の中に立ち、じっと待って獲物を狙うことが多い。晴れた日には水辺の岩や杭の上で翼を半開きにして立ち、日光浴するのが見られる。飛びながらギャーン　ゴホッと怒ったようなしゃがれ声でよく鳴く。ほかのサギ類に先がけて早春から繁殖を始め、小枝を集めた皿型の大きな巣を木の上の方に作る。

⑤近年、個体数が増えているサギのひとつ。県内では１９８０年代から少数が冬鳥として見られ始めたが、最近では見かけるサギの多くが本種というほどに増加している。飛鳥地域では１９９６年から深田池で繁殖している。養魚池に飛来して魚を捕食するサギ類を防除する目的で池面にネットやテグスが張られていることがあり、からまっているアオサギを見かけることがある。カワウ同様、共生を考えていきたい鳥のひとつである。

６．ダイサギ　*Ardea alba*

①ペリカン目サギ科アオサギ属。亜種ダイサギと亜種チュウダイサギの２亜種に分類される。チュウサギやコサギなどと共にシラサギ（白鷺）と呼ばれるが、アオサギの仲間に分類される。

②Ｌ９０㎝。Ｗ１５０㎝。大きさの似たアオサギと大きさを比べると、亜種チュウダイサギ＜アオサギ≦亜種ダイサギとなる。雌雄同色。全身が白色で、夏羽では肩から長い飾り羽が背を被い、それをふわっと広げるディスプレーで求愛する。嘴が繁殖期の婚姻色では黒く、冬期には橙黄色になる。また、目先の部分が繁殖期には青緑色だが非繁殖期には青味を帯びた黄色になる。さらに、冬羽では虹彩が黄色く、婚姻色では赤橙色になる。

③亜種ダイサギは冬鳥として全国に渡来する。亜種チュウダイサギは留鳥または夏鳥として本州から九州に分布し繁殖する。少数は冬期も残る。九州以南の島嶼部では冬鳥、北海道では稀な夏鳥。

④平地から低山の河川、湖沼、溜池、水田、干潟に生息する。浅瀬をゆっくり歩きながら魚、カエル、ザリガニなどを嘴ではさんだり突き刺したりして丸呑みにする。足で水底の泥をかき回して餌動物を追い出したり、翼を広げて影を作って待ち伏せ、近寄ってきた魚を捕食したりする。ほかのサギ類と共同コロニーを作って繁殖し、そのままねぐらに利用する。ゴアー　ゴアーと濁った声で鳴くが、繁殖期以外はあまり鳴かない。頸をＳ字状に縮めてゆっくりとしたはばたきで飛ぶ。

⑤飛鳥地域では２亜種とも見られる。近年、コサギやゴイサギのような小型のサギが減る一方で、本種やアオサギといった大型のサギが増えている。体の大きさが良い繁殖場所や餌場の獲得において優位に働いていると考えられている。晩秋、水抜きの始まった溜池に多数集まり餌を採っている。万葉集には白鷺の歌が１首ある。「池神の力士舞かも白鷺の桙啄ひ持ちて飛びわたるらむ」（巻十六　３８３１）巣材らしい小枝をくわえて飛ぶ白鷺の様子が見て取れる。

７．オオバン　*Fulica atra*
希少種（奈良RDB）

①ツル目クイナ科オオバン属

②L39㎝。雌雄同色。頭が小さく、ずんぐりした体型のクイナの仲間。全身が黒く、光線によっては灰色っぽく見える。嘴と額板がやや淡紅色がかった白色でよく目立つ。虹彩は赤い。足は暗緑色で、長い指には特殊なひれがあり、「弁足」（べんそく）という。
③東北地方北部以北では夏鳥、以南では留鳥または冬鳥として分布する。寒冷地のものは冬期、南の温暖地へ移動する。繁殖は局地的だが、繁殖期の確認例が増えている。
④水辺にヨシやガマ、マコモなど抽水植物が生育するような河川、湖沼、溜池のほか蓮田などに生息する。水面を泳いだり潜ったりして、水草の葉、種子、小魚、貝、水生昆虫を食べている。カモと違い、頭を前後にくいっくいっと動かしながら泳ぎ、頭を前に倒すようにすぽっと潜る。クェン　キョキョンとかん高いよく通る声で鳴く。
⑤奈良県内では1998年～2001年に奈良市で繁殖の記録があるが、現在は冬鳥。年々、確認例が増えている。橿原市で見られるようになったのは1987年ごろからで、晩秋、香久山古池、深田池、和田池などに渡来する。カモ同様、冬期の池干しによって安定して越冬できる場所が少なくなっている。

8．カワセミ　*Alcedo atthis*
①ブッポウソウ目カワセミ科カワセミ属
②L17㎝。雌雄ほぼ同色。体に比べて頭部が大きい。体の上面が光沢のある美しい青色で下面と目の前後が橙色。喉と頸の両側が白い。嘴は長く尖っていて、雄では全体が黒いが、雌では下嘴だけが赤い。足はごく短く、赤い。上面の青色は光線によってはコバルトブルーやエメラルドグリーンに見えることから「水辺の宝石」と呼ばれる。
③北海道では夏鳥。本州以南では留鳥として広く分布し繁殖する。
④平地から山地の河川、湖沼、用水路、溜池に生息する。都市公園の池でも見られる。淡水域だけでなく、海岸や河口、島嶼など海水域でも見られる。水辺の杭や護岸、草木にとまって小魚をねらい、水中に飛び込んで捕食する。空中でホバリング（停空飛翔）してダイビングすることもある。ザリガニ、サワガニ、カワエビ、カエルなども食べる。チィーツッチーと鳴きながら水面すれすれに一直線に飛び、水辺の横枝などにとまるとピィッピピピピピときしむようなかん高い声で鳴く。よくしゃっくりのように体をひっくひっくと上下にゆする。土質の崖に嘴と足を使って横穴を掘り営巣する。
⑤その美しさから知名度の高い鳥のひとつ。1960年代、水辺環境の悪化にともない激減したが1980年代から徐々に個体数が回復。現在では街中の池や川でもわりあい普通に見られ、水辺環境の指標生物となっている。万葉集に「朝井堤に来鳴く貌鳥汝だにも君に恋ふれや時終へず鳴く」（巻十1823）と詠われた「貌鳥」（かほどり）は本種だという説がある。奈良時代には「そにどり」や「そに」、室町時代には漢名の「翡翠」と呼ばれ、今でも夏の季語として詠みとめられている。

Ⅱ—2—3　農耕地や集落周辺の鳥

1．ケリ　*Vanellus cinereus*
情報不足種（環境省RDB）
①チドリ目チドリ科タゲリ属
②L３５.５cm。スマートな体型の大型のチドリの仲間。雌雄同色。頸から頭部が青灰色、背は茶褐色。腹が白く、胸との境目にU字形の黒帯がある。飛翔時、上面の茶褐色、白、黒のコントラストが目立つ。足は黄色で長く、飛ぶときにそろえた足が尾羽の先から出ている。嘴は橙色で先が黒い。虹彩は赤く、黄色いアイリングがある。
③本州北部では夏鳥、本州中・南西部では留鳥として分布するが、繁殖は局地的。近畿地方から東海地方にかけて比較的多く見られる。
④河原、水田、湿田、埋立地、池や沼の砂泥地に生息する。地上をあちらへこちらへと歩き回りながら昆虫、ミミズ、カエル、タニシ、草の種子などをついばむ。田の畔などにくぼみを作り枯れ草を敷いて巣にする。卵やヒナにカラスなどの外敵が近づくと、キリリッキリリッと激しく鳴き立て体を左右に傾けながら波を描くように飛び回って攻撃する。また、擬傷行動をとって外敵を巣から遠ざけることもある。
⑤飛鳥地域でも広く普通に見られるが、農耕地では鳴かずにじっとしていると見過ごしてしまう。繁殖期が春の農作業の時期と重なるため、けたたましく鳴いて人を攻撃する光景があちこちで見られる。農作業の段取りを変えるなどしてヒナの巣立ちまで見守られることもある。万葉集には「国巡る獦子鳥鴨鳧行き巡り帰り来までに斎ひて待たね」（巻二十４３３９）の１首に鳧（ケリ）の名が見える。

2．タシギ　*Gallinago gallinago*
希少種（奈良RDB）
①チドリ目シギ科タシギ属
②L２７cm。通常は頸を縮めているのでこれより小さく見える。雌雄同色。非常に長くてまっすぐな嘴をもつジシギ類。頭部は中央にクリーム色の線があり、側面には黒、クリーム色、茶褐色の線が縞状に入る。背と肩羽は黒褐色と茶褐色の斑模様で、クリーム色の縁取りが連なって線状に見える。胸から脇腹は黄褐色と茶褐色の斑模様で腹は白い。
③旅鳥として全国に渡来し、一部は冬鳥として本州中部地方以南で越冬する。
④河川や溜池の水辺の泥湿地、蓮田、湿った刈田に生息する。長い嘴を泥の中に突き刺すように上下させてミミズ、昆虫、貝、ドジョウなどを触覚で探り当てて捕食する。警戒心が強く、驚くとジェッと鳴いて飛び立ち、体

を左右に傾けながらジグザグに飛ぶと急降下して畝の間やくぼみにかくれる。体の色が枯れ草やイネの切り株、地面の色に対して見事な保護色になり見つけにくい。
⑤タシギは田鷸または田鴫（国字）と書き、この鳥の生息環境が田と深く関わっていることがわかる。飛鳥地域では北部の平地の刈田や水を抜いた溜池、用水路に見つかる。英名 snipe には「シギ猟をする」という古い意味があり、今も狩猟対象鳥。俳句でシギといえばタシギを指すことが多い。西行法師よる「心なき身にもあはれは知られけり鴫立つ沢の秋の夕暮れ」（新古今和歌集）の鴫も本種という説がある。

3．タマシギ　*Rostratula benghalensis*
絶滅危惧Ⅱ類（環境省 RDB）
希少種（奈良 RDB）

①チドリ目タマシギ科タマシギ属
②L23.5㎝。雌が雄より目立つ色彩で美しい。雌雄共に勾玉形の白いアイリングがある。肩から胸に背負子の肩紐を掛けたような白帯がありよく目立つ。嘴は緑褐色で長く、先端ほど赤橙色が濃くなる。雌は目の下から胸まで赤褐色で腹との境目は黒い。体の上面は金属光沢のある緑褐色。雄は全体に褐色みが強く、体の上面には黄褐色の円い模様が並ぶ。雌雄共に腹が白く、足は黄緑色。
③本州北部では夏鳥、本州中・南西部から九州では留鳥または漂鳥として分布し繁殖する。北海道では迷鳥。冬期、寒冷地から南の温暖地へと移動するものもいる。
④水田、湿地、休耕田、溜池、蓮田に生息する。夕暮れから早朝の薄暗い時間帯に餌を探しに出てくることが多い。長い嘴を泥の中に差し込んで左右に動かしながら、草の種子、水生昆虫の幼虫、バッタ、ミミズ、貝などを食べる。バンザイをするように翼を上げてはたたみ、体の向きを変えるディスプレーで求愛する。雌はコォーッ　コォーッ　コホーンとゆっくりとよく通る声で鳴いて雄を呼ぶ。一妻多夫で雄が巣を作り、抱卵や子育ても雄が行う。
⑤飛鳥地域では、休耕田の有効利用としてハスやホテイアオイが植えられた湿田が良い生息地になっている。万葉集に「春まけて物悲しきにさ夜更けて羽振き鳴く鴫誰か田にか住む」（巻十九4141）と詠まれている鴫は習性から考えて本種と考えられている。

4．モズ　*Lanius bucephalus*
①スズメ目モズ科モズ属
②L20㎝。頭部が大きく尾が長い。黒い嘴は鉤状に湾曲し鋭い。雄は頭部が茶褐色で、くっきりした黒い過眼線があり、眉斑はクリ

ーム色。背は青灰色で、黒い風切羽に白斑が目立つ。胸から腹は淡褐色で脇腹は橙色みを帯びる。雌は頭部から背が茶褐色で、過眼線や眉斑は雄ほどはっきりしない。風切羽の白斑もない。胸にはうろこ状の細い横斑がある。
③北海道では夏鳥として、本州以南では留鳥または漂鳥として分布し繁殖する。北の地方のものや標高の高い所のものは冬期、南の地方や平地の温暖地へ移動する。
④平地から山地の明るい疎林、低木のある川原や草原、農耕地、集落、樹木のある公園などに生息する。昆虫やミミズ、カエルのほか、ヘビや小鳥、ヒミズ、ネズミを捕食するので「小さな猛禽」と呼ばれる。毛や骨などの未消化物はペリットとして吐き出す。獲物をねらうときは木の枝や杭にとまり、円を描くように尾羽をくるりくるりと回す。捕えた獲物を細い枝や棘などに突き刺しておく「はやにえ」の習性が知られるが、目的はよくわかっていない。秋、キキキキキィーキィキィーとよく響く声で鳴き立てる「高鳴き」で越冬期のなわばりを宣言している。春には雄が雌の周りを飛び移るディスプレーをしながら求愛の歌を聞かせるが、よく聞くとほかの小鳥の鳴きまねが入っている。このことからモズは「百舌鳥」あるいは「百舌」と表される。
⑤秋の季語に「百舌鳥」「鵙の早贄」がある。飛鳥地域でも集落付近の里地・里山に必ずといっていいほど生息している身近な鳥。モズには春、比較的早い時期に繁殖した後、高原や山地に移動してもう一度繁殖する習性があるので、夏期にはあまり見かけないことがある。万葉集の「春されば百舌鳥の草潜き見えずともわれは見やらむ君が辺をば」（巻十１８９７）にはモズのこの習性が詠まれているという説がある。

5．ハシブトガラス
Corvus macrorhynchos

①スズメ目カラス科カラス属。亜種チョウセンハシブトガラス、亜種ハシブトガラス、亜種リュウキュウハシブトガラス、亜種オサハシブトガラスの４亜種に分類される。
②Ｌ５６.５㎝。大型の鳥の大きさを知る基準になる。雌雄同色。全身が光沢のある黒色で、光線によってはいわゆる「鳥の濡羽色」「烏羽色」と呼ばれる青紫色がかったつややかな色に見える。名前に表されるように嘴が太く、上嘴は下向きに湾曲している。丸く出っ張った額が特徴だが、亜種オサハシブトガラスの額は張り出していない。体も少し小さい。
③亜種チョウセンハシブトガラスは対馬、亜種ハシブトガラスは全国、亜種リュウキュウハシブトガラスは奄美諸島、亜種オサハシブトガラスは八重山諸島に、それぞれ留鳥として分布し繁殖する。
④さまざまな環境に適応し、海辺から高山に至るまで、河口、河川、市街地、農耕地、樹林などあらゆる場所に生息する。雑食性で生きた昆虫、ヘビ、カエル、小動物、魚を捕食するだけでなく、死骸や残飯も食べる。ときには小鳥の巣を襲って、卵やヒナを食べる。カラスザンショウや熟したカキなど木の実も好む。餌の豊富なときに貯えておく「貯食」

の習性がある。繁殖期以外は群れで生活することが多く、夕方、多数集まってねぐらへと向かうのが見られる。普通は澄んだ声でカァカァあるいはカァー　カァーと鳴くが危険を感じたときやタカなどの猛禽類を追い回すときにはカッカッカッ　ガァー　ガァーッと強く濁った声で鳴くことがある。
⑤人と鳥とがどう関わっていくべきか、最も考えさせられる鳥のひとつ。ごみの集積場に群れて生ごみを食い荒らし、畑に蒔いた種を掘り返して食べたり、収穫期を迎えた果樹を食べたりしてさまざまな生活被害をもたらしている。市街地の街路樹や電柱に営巣することがあるが、巣材に針金ハンガーを利用することで停電事故を引き起こすこともある。食性の幅が広く繁殖力が旺盛なだけでなく、数や色彩が認識できるなど学習能力や記憶力、順応性が高いため、人間との間にさまざまな軋轢が生じている。問題の解決にはさまざまな分野からのアプローチが必要となる。万葉の時代にももちろんカラスはいた。万葉集には４首に登場する。その中に「婆羅門の作れる小田を喫む烏瞼腫れて幡幢に居り」（巻十六３８５６）がある。どうやらこの時代にもカラスの害はあったようである。

**６．コシアカツバメ　*Hirundo daurica*
①スズメ目ツバメ科ツバメ属
②Ｌ１８．５㎝。ツバメより少し大きい。雌雄同色。頭頂部と体の上面は藍色がかった黒色で金属光沢がある。目の後方から後頸はレンガ色。顔から喉、胸にかけてはバフ色で褐色の縦斑が多数ある。飛翔中、腰の部分のレンガ色が目立つことが名前の由来。外側の尾羽が長く、中央が深くくぼんだいわゆる燕尾になっている。
③夏鳥として九州以北に渡来して繁殖する。九州以南の島嶼部では旅鳥。西日本に多い
④海岸、農耕地、市街地、丘陵地に生息する。ツバメよりも１ヶ月ほど遅れて渡来し、郊外の集落や低山でもよく見られる。ツバメよりもゆるやかな滑翔を交えて巧みに飛びながら、トンボ、ユスリカ、ガなどの昆虫を捕食する。濁った声でジュジュッ　ジュリリリジュピッと鳴く。学校、工場、駅舎、橋の下などコンクリート建造物に集団営巣していることが多く、泥や枯れ草を使って徳利を縦半分に割ったような巣を作る。８月のお盆のころに繁殖中のこともあり、１１月上旬に越冬地へと向かうのが見られる。営巣地をねぐらとして使い続けるので、ツバメのような集団ねぐらは少ないが、秋の渡去前に多数集結することがある。
⑤飛鳥地域では平地の市街地や住宅地でツバメが、やや標高の高い丘陵地や低山への移行地帯にコシアカツバメがよく見られる。高取中学の校舎にコロニーがあり繁殖している。（栗本　私信）また、１０月上旬、菖蒲町の電線に渡去前のコシアカツバメが多数集結するのが見られる。冬の間にスズメがコシアカツバメの巣を占拠して繁殖に利用することがあり、繁殖失敗の原因の６〜７割を占めている。ツバメ類が人家の近くで営巣している理由のひとつとしてカラスなどの天敵から身を守ることが挙げられるが、糞による

汚れを嫌って人為的に巣が破壊されることがある。

7．イソヒヨドリ　*Monticola solitarius*
希少種（奈良 RDB）

①スズメ目ヒタキ科イソヒヨドリ属。亜種アオハライソヒヨドリ、亜種イソヒヨドリの2亜種に分類される。
②L25.5cm。ムクドリより少し大きいヒタキの仲間。雄は頭部と胸、体の上面が青色、腹がレンガ色で配色が際立つ。雌の上面は青みを帯びた灰褐色。顔から下面にかけては黄褐色で黒褐色の羽縁によってうろこ模様になっている。嘴と足は黒い。亜種アオハライソヒヨドリは全身が暗青色でやや小さい。
③亜種アオハライソヒヨドリは迷鳥として稀に南西諸島などで見られ、宮城、静岡、長崎などで記録がある。亜種イソヒヨドリは北海道では夏鳥として、本州以南では留鳥または漂鳥として分布し繁殖する。北の地方のものは冬期、暖地へ移動する。
④もともと海岸の岩場や松林、河口に生息していたことが名前の由来になっているが、内陸部の河川、ダム湖、市街地、住宅地にも生息域を拡大している。昆虫、ムカデ、クモ、トカゲなどを餌にするが、小鳥の巣を襲ってヒナを捕食することもある。ホイピーピーツツピーコーチョチョチュピーと複雑なよく通る声でさえずる。ひらひらとはばたいて飛びながら鳴くこともある。姿を見つけるより先にこの声で気付くことが多い。岩の上、電柱や民家の屋根の端などに胸を張った姿勢でとまり、体を前に傾けてとととっと歩いては尾羽をゆっくりと上下させる。
⑤県内では山間のダム湖や河川の中流域で記録が始まり、2000年ごろより市街地での目撃例が増えた。2003年には繁殖も確認された。飛鳥地域でも橿原神宮前駅での記録は早く、駅周辺のビル街や河川沿い、飛鳥や下土佐などの集落でも見られる。ビルや工場のダクト、資材のすき間、民家の軒下などでも繁殖するようになっている。

8．ハクセキレイ　*Motacilla alba*

①スズメ目セキレイ科セキレイ属。亜種ニシシベリアハクセキレイ、亜種メンガタハクセキレイ、亜種ネパールハクセキレイ、亜種シベリアハクセキレイ、亜種タイワンハクセキレイ、亜種ハクセキレイ、亜種ホオジロハクセキレイの7亜種に分類される。
②L21cm。雌雄同色。尾羽の長いスマートな体型。7亜種はいずれも黒色、灰色、白色の三色を基調にした羽色でよく似ている。亜種ハクセキレイ雄の頭頂から体の上面、尾羽にかけては夏期に黒く、冬期は灰色になる。白い顔には黒い過眼線がある。喉から胸は黒

く腹は白い。嘴と足は黒い。雌は背が灰色で、喉から胸の黒い部分が小さい。ほかの亜種の特徴をおおまかに挙げると、亜種ホオジロハクセキレイとシベリアハクセキレイは顔面が白く、過眼線がない。亜種タイワンハクセキレイは夏羽の背が灰色で、喉の黒色の部分が嘴の付け根にまで及ぶ。亜種メンガタハクセキレイと亜種ネパールハクセキレイは頭に黒い目出し帽をかぶったように見え、額から目の周りが白い。

③亜種ハクセキレイは元来、東北地方北部より北の主に海岸部で繁殖し、それ以外では冬鳥であったが、徐々に繁殖地が南下し、さらに内陸部へと生息地が拡大している。現在では九州以北で留鳥または漂鳥として繁殖する地方が増え、各地で普通に分布する。ほかの6亜種は稀な冬鳥または旅鳥、迷鳥として渡来し、分布域は限られる。

④飛鳥地域で記録があるのは亜種ハクセキレイで、干潟や河川、湖沼、溜池、集落内の溝川などに生息するが、水辺に限らず、農耕地や市街地の駐車場、住宅地でも見られる。体を上下に揺すりながらたえず尾羽を石に打ち付けるように動かすので「石たたき」の異名を持つ。歩きながら小さな昆虫やクモを捕食するが、フライングキャッチで捕まえることもある。チチン チチン チュイピチュイと澄んだ声で軽快に鳴きながら波型を描いて飛ぶ。同じセキレイの仲間であるセグロセキレイよりも環境への適応力が大きいと考えられ、ハクセキレイを見かけることの方が多くなった。ビルのダクト、民家の屋根や石垣の隙間に枯れ草や根、獣毛などを運び入れて営巣する。

⑤県内では1990年代半ばごろまで冬鳥で、生息密度も低かったが、今では留鳥としてみるみる分布域を広げている。天敵から身を守るため、夕方、市街地のビルや広告塔、街路樹に多数集まってねぐらにする。「石たたき」「庭たたき」が秋の季語で、主にその動きを詠み込んだ句が多くある。

Ⅱ—2—4　森や林の鳥

1．トビ　*Milvus migrans*

①タカ目タカ科トビ属

②L 雄58.5cm、雌68.5cm。W157〜162cm。長い翼を持つ大型のタカの仲間。雌雄同色。体全体が茶褐色でバフ色の羽縁がある。タカの仲間は翼下面が白いものが多いがトビは茶褐色で、初列風切基部に白斑が目立つ。飛翔中、飛び方にもよるが尾羽が角ばって見え、三味線のバチに例えられ、ほかのタカとの識別ポイントになる。嘴は黒く、基部が灰白色。虹彩は茶褐色。

③留鳥として全国に普通に分布し繁殖する。南西諸島では冬鳥。

④海岸部から高山まで幅広い環境に生息する。特に海岸、港、幅の広い河川、山間のダム湖に多い。ピーヒョロロロローとのどかな声で鳴きながら、長い翼を巧みに操って飛ぶ。飛ぶのが上手いので「飛び」というのが語源。地上や水面にネズミ、ヘビ、カエルなど小動物を見つけると急降下して足で押さえつけたりつかみ取ったりして食べる。死んだ魚や動物、残飯も食べるので、自然界のスカベン

ジャー（掃除屋）の役目をしている。秋には空中でトンボを捕まえ、飛びながら食べるのが見られる。

⑤多くのことわざや詩歌、民話などに登場し、最も普通に見られるタカであるが、トビ＝タカとの認識は低いらしい。「トビも居ずまいからタカに見える」ということわざがその良い例であろう。食性を初め、トビの習性はおよそタカのイメージとはかけはなれているのかも知れない。飛鳥地域でなじみ深いのは近鉄大和八木駅前の「金鵄」であろう。神武天皇東征の際、弓の先にとまったとされる金のトビである。トビの飛び方から「鳶の朝鳴きは雨」「朝鳶に川渡りすな」など天気を予想する言葉も数々ある。トビの餌付けを呼び物にしている観光地があるが、人馴れしたトビが人に危害を加えるなどして、いわゆる「害鳥」になることがないよう考えていかなければならない。

２．サシバ　*Butastur indicus*
絶滅危惧Ⅱ類（環境省RDB）
絶滅危惧種（奈良RDB）

①タカ目タカ科サシバ属

②L雄４７cm、雌５１cm。W１０５〜１１５cm。ハシボソガラス大の中型のタカの仲間。雌雄ほぼ同色。頭部から体の上面および胸は茶褐色。雄の頭部は灰色みがある。白い眉斑が明瞭な個体もあるが、短いかまたはないなど個体差がある。喉は白く、中央に黒い縦線がある。腹は白く、茶褐色の横縞がある。嘴は黒く、蝋膜は黄色い。虹彩と足も黄色い。尾羽は飛翔時に扇形に広がり、３本の黒帯がある。稀に体全体が黒褐色の「暗色型」と呼ぶ個体もある。

③夏鳥として本州、四国、九州に分布し繁殖する。北海道では迷鳥、南西諸島では越冬する。

④主な生息地は丘陵地〜低山の里山で、谷戸に面したアカマツ林や二次林に営巣、林縁の農耕地や草地で採餌する。ヘビ、トカゲ、カエルを好み、バッタや小鳥類も食べる。鳴き声をよく聞けるタカのひとつで、ピックィーッ　キンミーと大きく甲高い声で鳴く。飛んでいる姿を見上げると、白い翼が陽に透けたように見える。集団で渡りをするタカの代表で、春秋の渡りシーズンには上昇気流を求めて集まったサシバが蚊柱ならぬ「タカ柱」を作って旋回し、高度を上げると次々と滑空していくのが各地で見られる。

⑤近年、個体数が減少し、絶滅が危惧されている。その要因として、主な生息地である里山の荒廃が挙げられる。谷戸の耕作地や雑木林に人の手が入らなくなり、潅木や雑草が生い茂るとサシバの餌場としての機能が失われてしまう。飛鳥地域では数ヶ所で繁殖の確認があるが、その継続性については楽観できない。環境省RDBにおいて２００６年、ノーマークからいきなり絶滅危惧種となった。里山の荒廃を如実に物語っている生物のひとつである。

3．ノスリ　*Buteo buteo*
希少種（奈良RDB）

①タカ目タカ科ノスリ属。亜種ノスリ、亜種オガサワラノスリ（絶滅危惧ⅠB類、天然記念物）、亜種ダイトウノスリ（絶滅）の3亜種に分類される。

②L雄52cm、雌56cm。W122～137cm。ハシブトガラス大で、雌雄ほぼ同色。頭部から体の上面は暗褐色でバフ色の羽縁がある。下面はバフ色で、胸に褐色の縦斑があり、腹には暗褐色の斑が密にある。嘴は黒く、蝋膜は黄色い。虹彩は成鳥では暗褐色、幼鳥では灰色みを帯びた黄色。飛翔時、バフ色の下面の翼角部分が茶褐色で目立つ。尾羽は短めで細い横斑があり、帆翔中は扇形に丸く広がる。日本固有亜種オガサワラノスリはやや小型で全体に淡色。

③亜種ノスリは主に本州中部以北で留鳥として分布し繁殖する。近年は西日本でも繁殖記録が増えている。冬期はほぼ全国で越冬個体が見られる。亜種オガサワラノスリは小笠原群島で留鳥として繁殖する。亜種ダイトウノスリは大東諸島に生息したが絶滅。

④繁殖期には低山から亜高山の針葉樹林や針広混交林に生息。冬期は平地の農耕地、干拓地、低山の雑木林や林縁で見られる。樹木や電柱、杭にとまって、主な餌となるネズミやモグラを探し、飛び降りて捕える。翼を浅いV字形に広げて、頭を風上に向けてホバリング（停空飛翔）するのがよく見られる。トビに似た音質の声でピィヨー　ピィーヨと鳴く。「野」と韓国語でタカを表す「スリ」が合わさって「野にいるタカ」＝ノスリが語源といわれる。

⑤飛鳥地域では冬期、平地から山地まで幅広い環境に生息する。北部の市街地に近い農地でも見られる。3月下旬ごろには渡去するものが多いが、奥明日香の棚田付近では5月中旬にペアで残っていることがある。

4．フクロウ　*Strix uralensis*
希少種（奈良RDB）

①フクロウ目フクロウ科フクロウ属。亜種エゾフクロウ、亜種フクロウ、亜種モミヤマフクロウ、亜種キュウシュウフクロウの4亜種に分類される。ほかに不明の1亜種がある。

②L48～52cm。W94～102cm。雌雄同色。頭は大きくて丸みがあり、耳のような羽角はない。平たい顔盤はハート形をしていて、灰褐色の羽毛が密に生えている。虹彩は黒い。頭部から体の上面は灰褐色で、褐色や灰色の斑紋がある。体の下面は淡いバフ色で褐色の縦斑が一面にある。風切羽や尾羽にはタカのような縞模様があるが、フクロウ類の羽の表面には細かいやわらかい毛が密生している。足には指まで細かい羽毛が生えていて、鋭く尖った鉤爪がある。北方にすむ亜種

ほど白っぽい。

③亜種エゾフクロウは北海道に、亜種フクロウは本州北部に、亜種モミヤマフクロウは本州北・中部に、亜種キュウシュウフクロウは本州中・南部から九州に、それぞれ留鳥として分布し繁殖するが、亜種エゾフクロウ以外は分布域が明確ではない。

④里山、丘陵地、山地の落葉広葉樹林、針広混交林に生息する。大木のある社寺林でも見られる。夜行性で、日没後、林縁の農耕地や疎林でネズミ、モグラ、カエル、コウモリ、小鳥などを捕えて丸呑みにする。羽に生えているやわらかい毛が風を切る音を吸収するので餌動物に気付かれずに近寄ることができる。太く低い声でまずゴホッと鳴いたあと一呼吸おいて、ゴロッホホーホと続けて鳴き、「ぼろ着て奉公」「糊つけ干ぅせ」などの聞きなしがある。警戒したり威嚇したりするときはギャーギャーフニャーと大声を出す。また、雄が雌と呼び合うときにはフォッホッホッホッと笑うような声も出す。

⑤木にとまってじっと目を閉じている様子から「森の賢者」「森の哲学者」と呼ばれ、童話などにもよく登場してなじみ深い鳥のひとつ。年中見られる留鳥だが、俳句の世界では「梟鳴く」が冬の季語。漢字の「梟」はこの鳥が木にとまるようすをよく表しているが、最近では「福朗」「不苦労」の文字を当てはめて、縁起の良い鳥であることがアピールされている。本来繁殖には樹洞を使うが、適した大木が減っているため木の根元の地面やタカの古巣を使うことがある。このような営巣場所では繁殖に失敗することが多いため、巣箱をかけて繁殖率を高める工夫がなされている。しかし、一方ではそれほど個体数の多い鳥ではないのにも関わらずロードキル（轢死）や防鳥ネットにからまる事故が案外多い。また、昨今のペットブームによるヒナの密猟の横行も残念なことである。

5．アオバズク　*Ninox scutulata*
希少種（奈良 RDB）

①フクロウ目フクロウ科アオバズク属。亜種チョウセンアオバズク、亜種アオバズク、亜種リュウキュウアオバズクの３亜種に分類される。

②Ｌ２７〜３０cm。Ｗ６６〜７０cm。羽角がないため頭が丸い中型のフクロウの仲間。雌雄ほぼ同色。頭部から体の上面が黒褐色で、胸から腹は白地に茶色の大きな縦斑がある。嘴は黒く湾曲している。虹彩は濃い黄色で、大きく見開くとよく目立つ。翼の下面は白く褐色の横縞がある。

③亜種アオバズクは夏鳥としてほぼ全国に渡来し繁殖する。南西諸島では留鳥。亜種チョウセンアオバズクは北海道、富山、大東諸島に記録がある。亜種リュウキュウアオバズクは奄美諸島、琉球諸島で留鳥。

④平地から低山の常緑広葉樹林、大木のある社寺林に生息する。昼間はよく茂った樹林の

枝でじっとしているが、日没後、活動を始め、ひらひらと飛んで街灯などの灯りに集まるガや甲虫類を捕食する。コウモリや小鳥も食べる。電線や電柱のてっぺん、屋根のアンテナなどにとまって、ホーッホ　ホーッホとふた声ずつ、やわらかい音質のゆっくりしたテンポでくり返し鳴く。大木の樹洞で繁殖し、巣穴の下には食べ残したガや甲虫の羽、脚が散らばっている。石積みや建物のすき間に営巣することもあり、巣箱も利用する。

⑤青葉のころに渡来することから「青葉木菟」の名がある。一般的にはアオバズクも含め、フクロウの仲間はすべてひとくくりにしてフクロウの総称で呼ばれていると思われる。一頃のように街灯やコンビニの灯りに昆虫が多数集まることがなくなり、あたか地域でもアオバズクの記録は極めて少なくなっている。

6．ヤマガラ　*Poecile varius*

①スズメ目シジュウカラ科コガラ属。亜種ヤマガラ、亜種ナミエヤマガラ（絶滅危惧ⅠB類）、亜種オーストンヤマガラ（絶滅危惧ⅠB類）、亜種ダイトウヤマガラ（絶滅）、亜種タネヤマガラ、亜種ヤクシマヤマガラ、亜種アマミヤマガラ、亜種オリイヤマガラ（準絶滅危惧）の8亜種に分類される。

②L14㎝。スズメ大のカラフルなカラ類。雌雄同色。頭と喉が黒く、頭頂から後頭にかけてクリーム色の線がある。額から頬がクリーム色。体の上面は青灰色で、体の下面と後頸が濃いレンガ色でコントラストが美しい。嘴は黒く小さい。亜種オーストンヤマガラは額や頬も濃いレンガ色。ほかの7亜種については羽色の差異がわかりにくいが、南方のものほどレンガ色が濃くなる。

③亜種ヤマガラは留鳥として全国に広く分布し繁殖する。亜種ナミエヤマガラは伊豆諸島に、亜種オーストンヤマガラは伊豆諸島南部に、亜種タネヤマガラは種子島に、亜種ヤクシマヤマガラは屋久島に、亜種アマミヤマガラは奄美諸島と沖縄島に、亜種オリイヤマガラは八重山諸島にそれぞれ留鳥として分布し繁殖する。亜種ダイトウヤマガラは大東諸島に分布し繁殖していたが絶滅。

④平地から山地の林、特によく茂ったシイやカシなど常緑広葉樹林に好んで生息する。社寺林や樹木の多い公園でも見られる。樹木の間を飛び移りながら、昆虫やクモを捕食する。シイやカシなどのドングリやエゴノキの実が好物で、足で押さえつけてつつき割って食べる。木の実を樹皮のすき間や地面のくぼみに押し込んで蓄える「貯食」という習性がある。樹洞やキツツキの古巣に木の皮やコケ、獣毛を運び込んで営巣する。シジュウカラよりややゆっくりしたテンポでツーツーピー　ツーツーピーとさえずる。冬期にはほかのカラ類やコゲラ、メジロ、エナガなどと混群を作って林を巡回する。ニーニーニー　ツィツィツィという鼻にかかったようなヤマガラ独特の地鳴きが先頭を切って混群の接近を知らせる。

⑤貯食の習性を利用して、1980年ごろまで縁日などでおみくじ引きやつるべ上げ、鐘つきなどの芸を見せていた。夏の季語に「山雀」と共に「山雀芝居」がある。繁殖に巣箱

をよく利用し、郵便受けや戸袋など民家での繁殖例も多い。

7．メジロ　*Zosterops japonicus*

①スズメ目メジロ科メジロ属。亜種メジロ、亜種シチトウメジロ、亜種イオウトウメジロ、亜種ダイトウメジロ、亜種シマメジロ、亜種リュウキュウメジロの6亜種に分類される。
②L11.5㎝。雌雄同色。頭部から体の上面は黄緑色で、胸から腹は白い。喉が黄色く、脇腹は紫色がかった淡褐色。嘴は黒く、細く尖る。名前の由来となっている白いアイリングが目立つ。6亜種は脇腹の褐色の濃淡、喉の黄色い部分の大きさ、虹彩の色に少しずつ差異があるが、野外での識別は難しい。
③亜種メジロは留鳥または漂鳥として広く全国に分布し繁殖する。九州以南の島嶼部では冬鳥。亜種シチトウメジロは主に伊豆諸島に、亜種イオウトウメジロは主に硫黄列島に、亜種ダイトウメジロは大東諸島に、亜種シマメジロは屋久島や種子島に、亜種リュウキュウメジロは奄美諸島および琉球諸島に、それぞれ留鳥として分布し繁殖する。
④平地から山地の林、特によく茂った常緑広葉樹林を好んで生息する。樹木の多い公園や住宅地、果樹園でもよく見られる。樹上生活が主で、枝葉の間を目まぐるしく飛び移りながら、昆虫やクモを捕食したり、ムラサキシキブやガマズミなどの木の実を食べる。熟したカキやミカンなど甘いものが好物で、サクラやツバキの花の蜜にも集まる。樹木の茂みでは姿を見つけにくいが、チューィ　チュリッ　チィーとよく鳴くので潜んでいることがわかる。特にさえずりは体に似合わず大きな声で、チュルチュルピーチュチッピピチュルチュルと複雑な早口で繰り返す。「長兵衛忠兵衛長忠兵衛」「チルチルミチル青い鳥」という聞きなしがある。横枝に何羽かが体を寄せ合っているようすが「目白押し」の語源となっている。
⑤庭先の花木や果樹にもやって来るなど身近なところで普通に見られるなじみ深い鳥のひとつ。晩秋から春先、餌台にミカンやカキ、ジュースを置いてやると集まってくる。虫の少ない冬期、ツバキやウメ、ビワの花粉を媒介してくれる。羽の色が美しいことに加え、「鳴き合わせ」と称してさえずりを競わせるため、違法な捕獲や飼育が後を絶たない。「目白」「目白飼」「目白籠」が秋の季語になっている。

8．シロハラ　*Turdus pallidus*

①スズメ目ヒタキ科ツグミ属
②L24㎝。ムクドリ大の中型のヒタキの仲間。雌雄ほぼ同色。頭部は灰褐色で、体の上

面はオリーブ色がかった褐色。胸から腹は淡い褐色。下尾筒と尾羽の両端が白く、飛ぶとよく目立つ。嘴は黒く、下嘴には黄色みがある。目の周りには黄色の細いアイリングがある。雌は全体に雄よりも淡色。
③主に冬鳥として全国に渡来する。厳冬期は本州中部以南の積雪の少ない地方へ移動する。西中国山地で繁殖記録がある。
④平地から低山の落ち葉の積もった暗い雑木林、下層植生の豊かな常緑広葉樹林に生息する。林の下層部で落ち葉を嘴ではねのけて昆虫、ミミズ、クモ、ムカデなどを捕食する。ガサッ ガサッと落ち葉をはねのける音は意外に大きく、その音で存在に気付くことが多い。開けた環境に出てくることは少ないが、晩秋、林縁の熟したカキやアキグミ、ウルシの実を食べにやってくる。飛び立つときにツリーッ グピグピグピと鋭い大声で鳴く。春、渡去を前にしてキョロン キョロン チュリリリーッとさえずっていることがある。
⑤決して数少ない鳥ではないが、目立たない色彩で暗い林内にいることが多いため、あまり知られていない。飛鳥地域でも冬の里山の定番で、例えば橿原森林公苑では芝地の周辺、香久山万葉の森や甘樫丘では散策路でよく見られている。かすみ網の使用が禁止されて久しいが、今なお密猟によりツグミやアトリなどと違法に捕獲されることがある。

9．エゾビタキ　*Muscicapa griseisticta*

①スズメ目ヒタキ科サメビタキ属
②L14.5㎝。スズメと同大のヒタキの仲間。雌雄同色。頭部から体の上面が濃い灰褐色で大雨覆と三列風切の外縁が白い。喉から胸にかけては白く、灰褐色の縦斑がある。目の周囲は白いアイリングで縁取られる。嘴と足は黒い。
③旅鳥として春と秋の渡りの時期に全国に渡来する。秋に多く見られる。
④平地から山地の雑木林、落葉広葉樹林の林縁、樹木の多い公園などに単独または数羽で見られる。木のてっぺんや横枝にとまって、飛んでいるハエやハチ、ガなどをフライングキャッチで捕え、元のとまり場にもどって食べる。秋の渡りの時期にはカラスザンショウ、ミズキなどの木の実も食べている。あまり鳴かないが、飛び立つときにツィーッ ジッと濁った短い声で鳴く。
⑤見られる時期が限られ、声も姿も地味なので存在に気付かないことが多い。案外、身近な所、例えば川の堤のサクラ並木や市街地の公園の樹木でも見られるのだが、個体数や滞在期間は餌となる昆虫の発生状況や樹木の実り具合に左右される。

１０．ジョウビタキ
Phoenicurus auroreus

①スズメ目ヒタキ科ジョウビタキ属

②L１４㎝。スズメ大のヒタキの仲間。雄は顔面が黒く、頭頂から後頸が灰白色で光線によっては銀色に見えることから、「尉鶲」（白髪の老人のような鶲）の名を持つ。体の上面は黒褐色で、次列風切基部の白斑が目立つ。胸から腹、腰は鮮やかな橙色。雌は頭部から体の上面がオリーブ褐色で、雄より小さめの白斑がある。下面の橙色も雄と比べて淡い。嘴は黒く、小さめだが尖っている。

③冬鳥として全国に普通に分布するが、厳冬期の北日本には少ない。北海道で繁殖の記録がある。

④平地から山地の疎林、農耕地、草地、川原など開けた環境を好み、樹木の多い公園や住宅地にも生息する。樹木の横枝や杭、アンテナなどに体を立ててとまり、尾羽をぷるるっと震わせたり、頭をぴょこんと下げる独特のしぐさを見せる。昆虫やクモ、カラスザンショウやムラサキシキブなどの木の実を食べる。秋、渡ってきた当初はさかんにヒッ　ヒッ　カカッと鳴いて越冬期のなわばりを確保する。人をあまり恐れずに近寄ってくるが、なわばりに侵入するほかのジョウビタキやモズと追い合ったり、カーブミラーや車のバックミラーに映る自分の姿を攻撃したりする。

⑤冬になると庭にやってくる「紋付き鳥」として知られる。俳句でヒタキ（鶲）といえばこのジョウビタキを指し、秋の季語になっている。あたか地域でもごく普通に見られ、よく通る澄んだ鳴き声は古都の秋を演出している。

１１．ウソ　***Pyrrhula pyrrhula***

①スズメ目アトリ科ウソ属。亜種ベニバラウソ、亜種アカウソ、亜種ウソの３亜種に分類される。

②L１５.５㎝。スズメより少し大きいアトリの仲間。雌雄とも顔面から後頭部、翼、尾羽が黒い。雄は背と体の下面が灰色で、頬から喉にかけて桃紅色。雌の背と下面は茶褐色で、頬から喉にかけては灰褐色。雌雄とも嘴は黒く、太短い。亜種アカウソと亜種ベニバラウソでは、胸から腹にかけてそれぞれ淡紅色と濃紅色。また、亜種ベニバラウソは大雨覆に白い横帯が目立つ。

③亜種ウソは本州中部以北に留鳥または漂鳥として分布し繁殖する。中部以南では冬鳥。亜種アカウソは冬鳥。亜種ベニバラウソは稀な冬鳥。

④繁殖期には亜高山帯針葉樹林、針広混交林に生息し、冬期は低山や丘陵地の雑木林で見られる。春先は花木の多い公園や桜並木でも

見られる。主に草木の種子や実、木の芽を食べる。特にウメ、モモ、サクラ、ツツジの花芽が好物で、小群で林にやって来てはのっそりとした動きで枝移りしながら食べつくしていく。芽の硬い鱗片が頭上からぽろぽろと落ちてきて存在に気付く。地鳴きがフィーフィ フィと口笛のようなやわらかい音質であることから、口笛を吹く意味の「嘯く（うそぶく）」が名前の由来となっている。

⑤太宰府、亀戸、湯島といった天満宮で、参詣人が木製のウソを交換する神事「うそかえ」がある。凶事を嘘にして幸運に替えることを願う行事で、江戸時代初めに始まったといわれる。太宰府天満宮の祭時にウソが害虫を駆除したことやウソの漢字「鷽」が学の古字「學」に似ていることから、天満宮とウソが結びついたといわれる。春の季語では、美しい雄を照鷽、地味な雌を雨鷽と呼んで区別している。花芽を食べてしまうのでサクラの名所ではあまり歓迎されていないようだが、個体数はそれほど多くなく、年によってはほとんど見られないこともある。

12．イカル　*Eophona personata*
郷土種（奈良 RDB）

①スズメ目アトリ科イカル属
②L２３㎝。ムクドリよりやや小さいアトリの仲間。雌雄同色。体全体が灰褐色で、顔面から頭頂部にかけて、および翼と尾羽が光沢のある濃紺色。初列風切に白斑があり、飛ぶと帯状になってよく目立つ。太くて黄色い嘴もほかに類を見ない。足は赤みのある肉色。
③留鳥または漂鳥として九州以北に分布し繁殖する。寒冷地のものは冬期、南の温暖な地方に移動する。
④平地から山地の広葉樹林、雑木林、社寺林、樹木の多い公園に生息し、冬期は農耕地や河川敷でも見られる。木の実や種子が主食で、樹上や地上でエノキ、ニレ、ハゼ、ヌルデ、ムクノキなどを食べる。硬い豆類やジュズダマの実、イラガのまゆを独特の太い嘴で噛み割ることから「豆まわし」の異名がある。浅い波形を描いて飛びながら、ケッ ケッ キョッ キョッと短く区切った力強い声で鳴く。さえずりはキーコーキー キコキコキーと透明感のある美しい声で、「月　日　星」「お菊二十四、蓑笠着ぃ」など多くの聞きなしがある。
⑤漢字で「桑鳲」、「鵤」のほか「斑鳩」と表され、「斑鳩町」の地名はイカルが多く群れていたことに由来するといわれるが、諸説ある。万葉集には同じアトリ科のシメと共に２首に登場する。「・・・この時に宮の前に二つの樹木あり。この二つの樹に斑鳩・比米二つの鳥さはに集まれり。・・」（巻一６左註）「・・・花橘を末枝に黐引き懸け中つ枝に斑鳩懸け下枝に比米を懸け己が母を取らくを知らに・・・」（巻十三３２３９）どちらもほかの小鳥を捕まえるためのおとりとしてイカルとシメが使われていたことを詠っている。今では違法な捕獲法であることはいうまでもない。

参考文献

安部直哉・叶内拓哉（2008）：山渓名前図鑑野鳥の名前、山と渓谷社

風信子（2008）：俳句と詩歌であるく鳥のくに、文一総合出版

東光治（1935）：萬葉動物考、有明書房

犬飼公之（1985）：動物一覧、中西進編、講談社文庫万葉集事典、pp.288～303、講談社

叶内拓哉・安部直哉・上田秀雄（2011）：山渓ハンディ図鑑 日本の野鳥増補改訂新版、山と渓谷社

叶内拓哉（2006）：野鳥と木の実ハンドブック、文一総合出版

清棲幸保（1994）：野鳥の事典、東京堂出版

真木広造・大西敏一（2000）：日本の野鳥590、平凡社

松田道生（1999）：アウトドアガイドシリーズ野鳥観察図鑑、地球丸

宮地たか（2001）：万葉の動物たち、渓水社

奈良県レッドデータブック策定委員会（2006）：大切にしたい奈良県の野生動植物～奈良県版レッドデータブック～脊椎動物編、奈良県農林部森林保全課

日本鳥学会（2012）：日本鳥類目録改訂第7版、日本鳥学会

日本野鳥の会愛媛県支部編（1992）：愛媛の野鳥観察ハンドブック～はばたき～、愛媛新聞社

日本野鳥の会奈良支部編（1978～2013）：支部報いかる 2～143 号、日本野鳥の会奈良支部

大橋弘一＋Naturally（2007）：庭で楽しむ野鳥の本、山と渓谷社

高野伸二（1996）：フィールドガイド日本の野鳥増補版、日本野鳥の会

辻桃子・吉田巧（2003）：俳句の鳥、創元社

山岸哲（監修）江崎保男・和田岳（編著）（2002）：近畿地区鳥類レッドデータブック～絶滅危惧種判定システムの開発、京都大学学術出版会

謝辞

本稿をまとめるにあたり、日本野鳥の会奈良支部の幸田保雄さんにはたくさんの情報とご教示で助けていただきました。また、掲載写真のうち、タマシギの撮影者は幸田保雄さん、タシギの撮影者は Nara 愛鳥会の山口明夫さんです。ここにお名前を記して心より感謝申し上げます。

II−3　爬虫類・両生類
（奈良県の爬虫・両生類相の特徴）

1．爬虫類相

　奈良県内には、いわゆる在来種と判断されるカメの仲間3種、外来種1種の計4種が分布している。前者はクサガメ、ニホンイシガメ、ニホンスッポンで、後者はミシシッピアカミミガメである。

　2000年（平成12年）、奈良公園の猿沢池の水が干されたとき、外来種のカメ15種・亜種が確認された。その中には、「外来生物法」（2005年6月1日施行）で外来種に指定された危険なカミツキガメのほか、マレーハコガメ、ハナガメ、キバラガメ、シャンハイハナスッポンのほか、国内外来種のミナミイシガメも確認された。加えて、ミナミイシガメとニホンイシガメの交雑種と考えられる個体も観察された。ただ、2014年（平成26年）の猿沢池の水が干されたときの調査では、外来種のカメはミシシッピアカミミガメとハナガメの2種だけだった。このことから、前回から今回までの14年間に猿沢池に放逐された外来種は激減したと考えることができる。理由としては、爬虫類のペットブームが去ったこと、一般市民の外来種に対する意識が向上したことなどが挙げられる。

　県内に分布する爬虫類には、カメの仲間、トカゲの仲間、ヘビの仲間がいる。トカゲの仲間のうち、ヤモリ科はニホンヤモリの1種のみが分布し、大阪府から山陽地方と四国、九州北部にかけて分布するタワヤモリは確認されていない。またトカゲ科のうち、ニホントカゲやニホンカナヘビは人家近くの田畑や草地、山麓に生息し、比較的日当たりの良い場所で活動する。これら3種の分布・生息状況は、本州各地で見られる状況とほとんど変わらない。

　ただ、ヘビ類の中でも、ナミヘビ科のアオダイショウとヤマカガシ、クサリヘビ科のニホンマムシの3種は奈良盆地の山麓から山地にかけて広範囲に分布するが、盆地の山麓からは少しずつ姿を消しつつある。そのため、奈良県のレッドリストでは「希少種」に指定されている。理由としては、アオダイショウの場合は主食のネズミ類の減少、ヤマカガシは田畑の撹乱と餌動物のカエルの減少、ニホンマムシも餌動物の減少と生息環境の悪化が個体数減少の主な原因と考えられる。ヒバカリは山地の水田域から宇陀山地、大峰山脈、台高山脈などの山地にまで分布し、タカチホヘビ、シロマダラ、ジムグリは山麓から比較的森林域の奥深いところにまで分布する。これら4種についても広範囲に分布するが、生息状況を判断するための情報は不足している。特にタカチホヘビ、シロマダラは夜行性の傾向が強いため、確認される機会が少ない状況にある。

　以上、奈良県内の爬虫類相は、日本各地で普通に見られる種ばかりだが、比較的森林を好む爬虫類が相対的多く確認されている。このことは、確かな生息情報が不足しているものの、森林面積の割合が70％を占める奈良県の爬虫類相の特徴だと考えることができる。

2．両生類相

　日本には24種の有尾類（有尾両生類）が分布するが、そのうち離島を除く本州地域に分布するのは16種。分布密度でみると、本州地域の16種は世界の有尾類の分布密度の中で最も高いと考えられている。これは、急峻な地形が多い日本の地勢と深く関わりがあり、ハクバサンショウウオ、ホクリクサンショウウオ、アベサンショウウオ、アカイシサンシ

ョウウオ、ツクバハコネサンショウウオなどのように、限られた地域でしか分布しない種が多い。また、24種のうち14種（58％）は渓流などで繁殖する流水性有尾類である。

　奈良県内には、カスミサンショウウオ、オオダイガハラサンショウウオ、コガタブチサンショウウオ、ヒダサンショウウオ、ハコネサンショウウオのサンショウウオ科5種、オオサンショウウオのオオサンショウウオ科1種、アカハライモリのイモリ科1種の合計3科7種の有尾類が分布する。そのうち、流水性はオオダイガハラサンショウウオ、ヒダサンショウウオ、コガタブチサンショウウオ、ハコネサンショウウオ、オオサンショウウオの5種（71％）で、奈良県は流水性有尾類の分布割合が高いのが特徴である。それは、総面積の70％ほどが奈良県の場合は森林域であり、特に南部は急峻な山々がつらなる地勢だからである。また、絶滅の危険性が高い有尾類は、カスミサンショウウオとヒダサンショウウオ、ブチサンショウウオの3種が挙げられる。

　一方、県内に分布する無尾類（無尾両生類）はナガレヒキガエルとニホンヒキガエルのヒキガエル科2種・亜種、ニホンアマガエルのアマガエル科1種、タゴガエル、ナガレタゴガエル、ナゴヤダルマガエル、トノサマガエル、ニホンアカガエル、ヤマアカガエル、ウシガエル、ツチガエル、ヌマガエルのアカガエル科9種、シュレーゲルアオガエル、モリアオガエル、カジカガエルのアオガエル科3種の合計4科15種・亜種である。

　日本にはヒキガエル科5種が分布する。そのうちの3種は本州各地に分布し、西日本に広く分布するのはニホンヒキガエル、東日本に広く分布するのはアズマヒキガエル、そして近畿地方から中部地方西部にかけての山地の渓流周辺に主に分布するのがナガレヒキガエルである。紀伊半島にはこれら3種とも分布するが、現在、奈良県内にはニホンヒキガエルとナガレヒキガエルのみが確認されているだけである。

　アカガエル科は日本には26種・亜種が分布するが、離島を除く本州地域には10種・亜種が分布するのみである。そのうち、奈良県にはトウキョウダルマガエル（ナゴヤダルマガエルの基亜種）を除く9種・亜種が分布する。これは、本州に広く分布するアカガエルのほとんどが奈良県内でも確認できることを示している。これは、奈良県が東・西日本のほぼ中間に位置していること、県北部の低標高湿地（奈良盆地）と県南部の高標高山地（大峰山脈や台高山脈）の地形が変化に富んでいることが、アカガエル科の多様性を豊かにしている理由といえる。ただ、ナゴヤダルマガエルの県内での生息地と生息数が減少傾向にあるのが心配である。ニホンアカガエルは本州に広く分布する種であるが、県内では都市化が著しい北部に分布が集中し、水田域の繁殖環境の悪化に伴って生息域が減少している。タゴガエルは本州に広く分布するが、ナガレタゴガエルは紀伊半島でも隔離分布の傾向があり、連続して分布はしていない。

　また県内にはアオガエル科3種が分布し、シュレーゲルアオガエルは山麓から山地の水田域を、カジカガエルは山地渓流域をそれぞれうまく利用して繁殖しているが、モリアオガエルは紀伊半島では県内の数か所で自然分布するのみで、絶滅の危険性が高い。

Ⅱ—3—1　爬虫類

はじめに

　橿原市、高取町、明日香村で確認された爬虫類は2目9科15（亜）種であるが、そのうち外来種として分布を広げているのはミシシッピアカミミガメで、繁殖は確認されていないが生息を確認しているのがカミツキガメである。両種ともペットに由来するカメである。また、クサガメのように古い時代に移入されたか、あるいはもともと在来種かどうか決着を見ていない種、あるいはニホンヤモリのように、古い時代に入ったとされる種も確認されているが、これらは、本稿では在来種扱いとした。

　一方、在来種の多くは生息環境の悪化や人為的間引き、外来種との競合などによって減少が懸念されている。生息環境の悪化としては、河川護岸、圃場整備、山林開発、里山や雑木林の改変などが考えられ、外来種との競合では、外来種の影響によって餌動物の確保が困難な状況になっていることが挙げられる。また、「ヘビはすぐ噛み、毒を持つ」と誤解されているため、全てのヘビが捕殺・間引きの対象となっていることも、減少原因となっている。できれば殺さず、そっとようすを見守ってほしい。

1．クサガメ（*Mauremys reevesii*）

①カメ目イシガメ科
②本州、四国、九州など日本だけでなく、朝鮮半島や中国にも分布。
③河川や池沼に生息するが、むしろ池沼を好む水棲のカメ。動物質も植物質も食べる雑食性。ニホンイシガメに比べて平地の池沼や河川に生息する傾向がある。老熟した雄は全身が真っ黒になる。最近の研究では江戸時代に日本へ移入されたとする外来種の可能性が指摘されているが、研究者の中には従来のように在来種と考えるべきだ、という意見もある。決着は未だついていない。
④橿原市内では河川や池沼で目にすることは多いが、高取町や明日香村では散見する程度である。

2．ニホンイシガメ（*Mauremys japonica*）

準絶滅危惧（環境省 RDB）
絶滅危惧種（奈良県 RDB）
①カメ目イシガメ科
②本州以南の日本各地に分布。（日本固有種）
③河川や池沼に生息するが、むしろ小川のような流れがある場所を好む水棲のカメ。動物質も植物質も食べる雑食性。平地の川や池などでも観察されるが、クサガメやミシシッピアカミミガメに比べると山地流水性の小川に多く生息する傾向にあり、河川の上流域にも分布する。河川改修やペット目的の乱獲によ

って、個体数は減少している。
④橿原市では南部や東部の山地に近い河川や池でも、多くはないが観察できる。高取町や明日香村にも生息する。

3．ミシシッピアカミミガメ
（*Trachemys scripta elegans*）

特定外来生物
①カメ目ヌマガメ科
②人為的移入によって、今では日本全国に分布を拡大。
③北アメリカ原産の外来種。河川や池沼に生息する水棲のカメで、動物質も植物質も食べる雑食性。平地の池沼や河川に多い。耳の鼓膜の部分が赤色になっていることから、「赤耳亀」の名前が付けられた。幼体や亜成体の体色は鮮やかな緑色をしているが、成体になると茶褐色や灰褐色のくすんだ色となる。成熟した雄のツメは長く伸び、これを震わせて雌に求愛を行う。老熟した雄の中には耳の赤い模様が消えて灰黒色になり、一見別種にも見えるような個体がいる。養殖された幼体が大量に輸入され、「ミドリガメ」としてペットショップで安価に売られている。そのため、購入して大きく育てた個体を持て余した人間が野外へ逃がしたり、カメ自らが逃亡して野生化したため、今や日本で最も広く分布し、普通に見られるカメとなっている。他の生物への影響が懸念されるということで、「外来生物法」に基づく「特定外来生物」に指定され、飼育は原則禁止されている。
④橿原市内の平地の池沼や河川では、普通に見られる。明日香村や高取町でも平地の河川や池で観察されている。

4．ニホンスッポン
（*Pelodiscus sinensis*）

情報不足（環境省 RDB）
情報不足（奈良県 RDB）
①カメ目スッポン科
②本州以南の四国、九州に分布。(日本固有種)
③河川や池沼に生息する水棲のカメで、甲殻類や魚類、貝類などを食べる肉食性。硬い甲羅を持たず、背甲は柔らかい皮膚に覆われている。砂や泥底にもぐることが多い。臆病な性格からあまり目にする機会はないが、川岸に上陸して日光浴をする姿がしばしば目撃される。爬虫類では珍しく、日本でも養殖され食用にされている。
④橿原市内ではときおり見られるが、河川改修による砂底の消失や、食用目的で捕獲されることがあり、生息数の減少が心配される。明日香村からの報告はないが、明日香村との境界近くの橿原市域で本種が目撃されていることから、生息している可能性は十分ある。

5．ニホンヤモリ（*Gekko japonicus*）

注目種（奈良県 RDB）

①有鱗目トカゲ亜目ヤモリ科
②本州以南の四国、九州、対馬のほか、朝鮮半島や中国に分布。
③ニホンヤモリという和名だが、古い時代に日本に入ってきた外来種とする考えがあり、外来種とすべきという意見もある。しかし、外来種の定義を明治以降に移入された種とする考え方に準じ、ここでは在来種扱いとする。本種は人間の生活環境にうまく順応しており、都市部の住宅地でもかなり見られる。夜間に街灯や自動販売機にやってきて、光に集まる虫を捕らえる姿を見ることがある。指先が特殊な構造をしており、かなりつるつるしたガラスなどでも張り付くことができる。尾は刺激を与えると自切するが、しばらくすると再生する。主に小型の節足動物などを食べる肉食性。卵は木の隙間などにはりつけるように産む。
④橿原市内中心部でも見られ、民家の窓や自動販売機に張り付いている姿をよく見かける。高取町や明日香村での確認報告はないが、生息している可能性は十分にある。

6．ニホントカゲ（*Plestiodon japonicus*）

①有鱗目トカゲ亜目トカゲ科
②本州西部、四国、九州などに分布。最近、本種とは別種のヒガシニホントカゲ（*P. finitimus*）が東日本地域に分布し、奈良県内は両種が分布する境界地域だとする研究成果が報告された。ちょうど中央構造線（紀伊半島では和歌山市、五条市、東吉野村、三重県境の高見峠を結ぶ地層）を挟んで北側にニホントカゲ、南側にヒガシニホントカゲが分布するという。（日本固有種）
③幼体や亜成体の尾は青く、成体雌（写真）でも青い尾を持つ個体はいるが、成体雄になると青色は消える。体には5本の黄色い線が見られる。雄は成体になるとこれらの模様は目立たなくなるが、雌の成体は幼体・亜成体と同じような模様のままとなる。尾は刺激を与えると自切するが、しばらくすると再生する。繁殖期に雄どうしが出会うと、お互いの頭をかみ合って力関係を比べる儀式的な闘争を行う。雌は自分の産んだ卵を孵化するまで世話する。主に小型の節足動物やミミズなどを食べる肉食性。
④橿原市内では市街地でもある程度の緑地があれば、ふつうに観察することができる。高取町や明日香村でも同様に観察は可能。

7．ニホンカナヘビ
（*Takydromus tachydromoides*）

①有鱗目トカゲ亜目カナヘビ科
②北海道、本州、四国、九州などに分布。（日本固有種）
③個体差はあるが基本的に褐色の体色をしており、腹部は白や黄色をしている。体側に白い線が入るものが多い。ニホントカゲと違い、鱗がざらざらしているのが特徴。尾は刺激を与えると自切するが、しばらくすると再生する。主に小型の節足動物を食べる肉食性。ニホントカゲと違い卵の世話はしない。
④橿原市内では市街地でもある程度の緑地があればふつうに観察することができる。高取町や明日香村でも同様に観察は可能。

8．ジムグリ（*Euprepiophis conspicillatus*）

情報不足（奈良県 RDB）

①有鱗目ヘビ亜目ナミヘビ科
②北海道、本州、四国、九州などに分布。（日本固有種）
③幼蛇・亜成体の背部は赤い体色に黒い横縞模様が入る美しい色をしているが（写真）、成蛇になると縞模様は消失してほとんどが褐色の単色になる。腹面は縞模様をしている個体は多いが、模様のない個体もいる。名前のとおり地中にもぐる習性がある。ネズミなどを捕食する肉食性。
④橿原市南東部や高取町、明日香村の比較的自然が残る雑木林などで目撃されるが、個体数はあまり多くないと思われる。

9．アオダイショウ(*Elaphe climacophora*)

希少種（奈良県 RDB）

①有鱗目ヘビ亜目ナミヘビ科
②北海道、本州、四国、九州などに分布。（日本固有種）
③シマヘビに似た色彩模様の個体を見かけることはあるが、成蛇では体の模様が不鮮明になることや、眼の虹彩が赤くないことで見分けがつく。英名「Japanese rat-snake」が示すように、本種は人家の近くで主にネズミを捕食するが、カエルやトカゲ、鳥の卵などを食べる肉食性。突然変異の白化個体は神の使いとして大切にされることはあるが、奈良県内ではほとんど見かけることはない。性格はおとなしく無毒で、捕まえても噛むことはあまりないが、しつこく手を出すと噛んだり、臭いを出したりする。幼蛇・亜成蛇は写真の

ように茶褐色の楕円模様があることから、ニホンマムシと見間違われることがある。
④橿原市内の市街地でも普通に見かけるヘビ。家の中に入ることがあるので驚かれることがある。昔、家の天井裏をはってネズミを捕食していたのは、このヘビである。明日香村では生息報告はないが、橿原市域との境界に近い場所からも見つかることから、生息している可能性は高い。高取町では見かけることがある。

１０．シマヘビ（*Elaphe quadrivirgata*）

①有鱗目ヘビ亜目ナミヘビ科
②北海道、本州、四国、九州などに分布。（日本固有種）
③アオダイショウとは、頭部から尾部の方向に走る縞模様が明瞭であることや、眼の虹彩が赤い（写真）ことで見分けがつく。カエルやトカゲ、小型ヘビ、小鳥などを食べる肉食性。無毒だが気性は荒く、捕まえようとすると噛んだりすることがある。幼蛇には背部に茶褐色の横縞模様があり、成蛇と色彩と模様が全く異なる。体色が黒い黒化型個体も時々見かけることがある。同じ雌が産む卵の中から、標準型と黒化型の二つのタイプの幼蛇が生まれることがある。
④橿原市内や高取町、明日香村でも普通に見られる。特に害はないが、ヘビは全般に気味悪がられてすぐに殺されることがある。

１１．ヒバカリ（*Amphiesma vibakari vivakari*）

情報不足（奈良県 RDB）

①有鱗目ヘビ亜目ナミヘビ科
②北海道、本州、四国、九州などに分布。（日本固有亜種）
③日本のヘビの中では小型の部類で、首に薄黄色の帯模様があることが特徴である。カエルやオタマジャクシ、小魚、ミミズなどを食べる肉食性で、オタマジャクシや小魚を水の中に入って捕らえることもある。性格はおとなしく、捕まえても噛んでくることはあまりない。名前の由来は、人は噛まれたら毒で命はその"日ばかり"、といわれたことに由来する。実際は無毒である。日本には他に別亜種として九州の男島にダンジョヒバカリ（*A. v. danjoense*）が生息する。
④橿原市内ではミミズなどを捕食するためか、雑木林で見られることがあり、比較的身近なヘビである。高取町や明日香村にも生息する可能性はあるが報告はない。

１２．シロマダラ（*Dinodon orientale*）

情報不足（奈良県 RDB）

①有鱗目ヘビ亜目ナミヘビ科
②北海道、本州、四国、九州などに分布。（日本固有種）
③体色は黒と白の横縞模様をしている。主にニホントカゲやニホンカナヘビなどの小型爬虫類を食べる肉食性。生態がよく分かっておらず見かける機会が多くはないことから、捕まると新聞などで話題になることがある。
④橿原市では南部で目撃例がある。高取町や明日香村にも生息する可能性はあるが報告はない。

１３．ヤマカガシ（*Rhabdophis tigrinus*）

希少種（奈良県 RDB）

①有鱗目ヘビ亜目ナミヘビ科
②本州、四国、九州などのほか、朝鮮半島、中国、ロシアなどに分布。
③黒、赤、黄色のまだら模様をした個体が多く、特に幼蛇で鮮やかだが色彩変異が大きく、ほとんど無地のものや真っ黒な個体もいる。首に黄色い模様があることが多い。ナミヘビ科のヘビにしては珍しく毒があり、首の付け根と口の中に毒腺を持つ。しかしニホンマムシなどクサリヘビ科のような長い毒牙を持っておらず、性格もおとなしいため、咬傷事故が起こることは少ない。とはいえ毒性は強く人の死亡例もあるので扱いには注意が必要である。主にカエル類を食べる肉食性で、水田や湿地に多い。
④橿原市では最近でもわずかに目撃されているようだが、最近の圃場整備による餌とするカエル類の激減により個体数は大きく減少している可能性がある。高取町や明日香村にも生息する。奈良県では特定動物に指定されており、飼育には県の許可が必要。

１４．ニホンマムシ（*Gloydius blomhoffii*）

希少種（奈良県 RDB）

①有鱗目ヘビ亜目クサリヘビ科
②北海道、本州、四国、九州などに分布。（日本固有種）
③琉球列島のハブ類とともに、日本でもっともよく知られた毒蛇である。日本のヘビの中では比較的小型の部類に入るが、他のヘビに比べて体が太いのでより太短く見える。胴部には楕円模様がある。カエルやトカゲ、ネズミなどを食べる肉食性。眼と鼻の間にピット

と呼ばれる赤外線を感じる器官がある。性格はおとなしい。毒蛇として恐れられている一方でマムシ酒など滋養強壮食品としてもよく利用されている。
④橿原市では南東部などの比較的自然が残っている場所でときおり見られる。高取町や明日香村でも田んぼ近くや雑木林で見られる。しかし、次第に個体数は減少していると考えられている。奈良県ではしばしば「ハブ」や「ハビ」と呼ばれる。また奈良県では特定動物に指定されており、飼育には県の許可が必要。

特筆すべき事例
カミツキガメ（*Chelydra serpentita*）

①カメ目カミツキガメ科
②ペットして人為的に移入されたが、今では日本各地の野外で分布が確認されている。
③南北アメリカ大陸原産の外来種。産卵以外ではほとんど陸上には上がらない水棲性。甲長は50cm近くになり、寿命も相当長い。動物質も植物質も食べる雑食性。以前はペットとして流通していたが、現在は特定外来生物に指定されているため無許可の輸入や移植、飼育は禁止されている。ペットが遺棄されたり逃げたりしたものが日本各地に散発的に見つかっており、一部地域では定着もしている。名前のとおり噛む力が強く危険なために、取扱には十分注意を要する。
④橿原市で2011年5月に写真の個体が見つかっている。奈良公園の猿沢池でも見つかったことがある。現在、国内には3亜種が確認されているが、写真の個体はどの亜種かは不明。現在、橿原市内には定着していないと思われるが、今後も十分に注意する必要がある。

写真・情報提供者
前田一郎、島田正吾の各氏ほか。

参考文献
環境庁編（1982）「第2回自然環境保全基礎調査 動物分布調査調査報告書（両生類・は虫類）1978 奈良県」、日本の重要な両生類・は虫類(近畿版)。大蔵省印刷局：pp21。

環境省編（2014）レッドデータブック 2014 －日本の絶滅のおそれのある野生生物－ 3 爬虫類・両生類。ぎょうせい：pp153.

奈良県レッドデータブック策定委員会編（2006）大切にしたい奈良県の野生動植物～奈良県版レッドデータブック～ せきつい動物編。奈良県：pp143。

日本爬虫両棲類学会編「日本産爬虫両棲類標準和名（2014年11月9日改訂）」（ホームページより）

Ⅱ—3—2　両生類

はじめに

　橿原市、高取町、明日香村で確認された両生類は2目8科13（亜）種で、そのうち8種は日本固有種で外来種はウシガエル1種のみ。在来種の多くは、減少が懸念されている。流水性のオオサンショウウオやタゴガエルのように、河川の上・中流域に生息する種も偶然発見されることはあるが、当該地域では、田んぼとその周辺環境に依存する種が圧倒的に多い。このことから田んぼの減少、圃場整備による土畦の消失や乾田化などは、これらの種に壊滅的な打撃を与える可能性がある。今後、ますます自然に配慮した工法の開発と生息地の保護・保存が求められる。

1．カスミサンショウウオ
　（*Hynobius nebulosus*）

絶滅危惧Ⅱ類（環境省 RDB）
絶滅寸前種（奈良県 RDB）
①有尾目サンショウウオ科
②東海地方、近畿地方、中国地方、四国地方、九州地方の広範囲に分布するが、実際は点在して分布。（日本固有種）
③若齢個体は暗褐色を基調とした色彩で、高齢個体になると黄褐色・灰褐色が基調となるが、体全体には小さな斑紋が広がる。尾の上部には黄色の帯が走る。平地の水たまりや田んぼの側溝など、天敵の魚類があまり侵入しない止水性の水域で繁殖する典型的な小型サンショウウオ。性成熟すると、水中に入って繁殖するが、繁殖活動を終えると上陸する。成体は産卵・放精のために水中へ入るだけで、1年のほとんどを陸上で生活する。この点がオオサンショウウオと異なる。小型土壌動物を捕食する肉食性。
④高取町や明日香村の里山周辺で生息が確認されているが、奈良県全体を通しても絶滅に瀕しているのが現状。奈良県内では、「奈良県希少野生動植物の保護に関する条例」により捕獲が禁止されている。

2．オオサンショウウオ
　（*Andrias japonicus*）

絶滅危惧Ⅱ類（環境省 RDB）
注目種（奈良県 RDB）
国指定特別天然記念物
①有尾目オオサンショウウオ科
②岐阜県以西の本州と九州では大分県に分布。（日本固有種）
③世界最大の両生類で、体色は茶褐色で暗色斑が見られる。眼は小さい。滝を高捲いて上流へ向かうなどの特別な場合を除き、一生を水中で過ごす。最近は移入されたチュウゴクオオサンショウウオとの交雑が京都府内の個体群で問題となっているが、奈良県内でも交

雑個体が発見されている。体が大型であることから、目の前に現れた比較的大きな魚類や甲殻類をひとのみにして捕食する肉食性。
④橿原市内では過去に5個体ほどが河川で見つかったとする報告がある。しかし、定着はしておらず、大雨などのさいに上流から流されてきたのではないかと考えられている。明日香村や高取町では報告されていない。

3．アカハライモリ（*Cynops pyrrhogaster*）

準絶滅危惧種（環境省RDB）
①有尾目イモリ科
②東北から九州にかけての平野部に広く分布。（日本固有種）
③背部は黒い茶褐色で皮膚はざらついているが、腹部は赤地に黒い斑紋をもつ個体が多い。腹部の斑紋パターンは多様で、個体変異が大きい。繁殖期のオスの尾部は紫色の婚姻色を示す。幼生はサンショウウオの幼生と似ており、外鰓（がいさい、エラのこと）は体の外側に出ているが、カエルの幼生（おたまじゃくし）は体の内側に入っていて、ほとんど見ることはできない。また、イモリやサンショウウオの幼生では前足が最初に出てくるが、カエルの場合はその逆で、後足が先に出てくる。変態して上陸すると、しばらくは陸上の湿った場所で生活するが、成長すると河川や池、田んぼなどの水中で生活することが多い。小動物を食べる肉食性。
④高取町や明日香村では山地に近い麓で観察されるが、橿原市内ではほとんど観察されなくなった。

4．ニホンヒキガエル（*Bufo japonicus japonicus*）

絶滅危惧種（奈良県RDB）
①無尾目ヒキガエル科
②近畿以西の本州、四国、九州などに分布。（日本固有種）
③茶褐色の体色をしており、全身にいぼ状突起が見られる大型のカエル。眼の後ろに毒液を出す耳腺が発達している。跳びはねることは少なく、四足歩行で移動することが多い。繁殖期になると、産卵場所では雄たちが多数集まって「カエル合戦」と呼ばれる雌の奪い合いが起こる。成体に比べて幼生（おたまじゃくし）は小さく、変態して上陸したばかりの幼体もかなり小さい。昆虫や小動物を食べる肉食性。成体は体が大きいことから、比較的大きな動物もを食べることがある。奈良県内でも吉野町以南の山地には、別亜種として近畿以東に広く分布するアズマヒキガエル（*B. j. formosus*）が分布する。

④橿原市では南東部で見つかったことがあるが、今ではほとんど見られない。高取町や明

日香村では山麓部で生息が確認されている。

5．ニホンアマガエル（*Hyla japonica*）

①無尾目アマガエル科
②北海道から九州、対馬にかけて広く分布。
③緑色をしていることが多いが、周囲の色彩環境によって褐色や灰色など、体色をさまざまに変化させることができる。また背部も無地の場合と斑紋が現れる場合とがある。足の指先には吸盤が発達し、草木に容易に登ることができる。英名「Japanese tree frog」が示すように、樹上を好むカエルで、行動範囲は３次元空間。小型の昆虫や節足動物を食べる肉食性。皮膚の粘液には毒があり、触っただけでは影響はあまり出ないが、触った手で目や口をこすったりすると炎症を起こすことがある。
④橿原市や高取町、明日香村では比較的よく見られる。田んぼに水が張られると、最初にやってきて鳴く（Mating call）のはほとんどがこのカエル。繁殖場所として利用される田んぼでは、圃場整備などの影響で個体数が減少しつつある。

6．タゴガエル（*Rana tagoi tagoi*）

①無尾目アカガエル科
②本州、四国、九州などに分布。（日本固有種）
③黒褐色から赤茶色にかけての体色で、背面に模様が出ることがあり、あごの下にも暗色の模様がある。

山地性のカエルで、渓流沿いや伏流水の流れる場所に生息。小型の昆虫や小動物を食べる肉食性。日本には他に２亜種が生息する。
④明日香村や高取町では河川上流の渓流域に生息するが、橿原市では生息の報告はない。

7．ヤマアカガエル（*Rana ornativentris*）

①無尾目アカガエル科
②本州、四国、九州など広範囲に分布。（日本固有種）
③黒褐色から赤茶色まで多様な体色をしており、背面や側面には黒い斑紋がある。体色は周囲の湿地環境と似た保護色（写真）となっていることが多い。丘陵地から山地の水田や湿地に生息。小型の昆虫や小動物を食べる肉食性。
④橿原市の南部で確認されているが、今日、明日香村での生息は確認されていない。

８．ウシガエル（*Lithobates catesbeianus*）

特定外来生物

①無尾目アカガエル科
②人為的に移入され、今では日本各地に分布を拡大。
③北アメリカ原産の外来種。暗褐色から緑色まで、さまざまに体色を変える。体長は11～18センチメートル、体重は500～600グラムほどまで成長し、日本で生息するカエルの中では最大級の大きさ。寿命は8～9年ほどとされる。最初は食用として移入、養殖されてきた経緯があることから、食用ガエルとも呼ばれる。現在は「外来生物法」に基づく「特定外来生物」に指定されているため、無許可での移入や飼育は禁止されている。捕獲にあたっては、注意を要する。ちなみに、アメリカザリガニはウシガエルの餌として移入されたことで有名。池や河川に生息し、かなり大きな声で鳴く。鳴き声は、牛が鳴くときの声に似ていることから、ウシガエルと名付けられた。肉食性で、成体は昆虫や小動物のほか、小型哺乳類やカメの幼体まで食べることが知られている。
④橿原市では池や河川でかなりの数が見られる。明日香村では未だ報告はないが、橿原市との境界に近い場所で目撃されており、生息している可能性は高い。橿原市では"ショックン"と呼ばれることがある。

９．ツチガエル（*Glandirana rugosa*）

①無尾目アカガエル科
②北海道、本州、四国、九州など日本各地のほか、中国や朝鮮半島に分布。
③北海道に分布する個体群は、現在では人為的移入であると考えられている。ヌマガエルとともにイボガエルと呼ばれることがある。背部のいぼがより盛り上がることや、両眼の間にV字の模様がないことでヌマガエルと見分けられる。最近の研究で、シマヘビが背部のいぼから出る分泌物を嫌がって、捕食を忌避する習性があることが明らかになった。
④橿原市では平地ではあまり見られないが、山麓やその周辺の田んぼ域で見られる。高取町や明日香村でも山麓では比較的普通に見られる。ヌマガエルより生息数は少ないようである。

１０．ナゴヤダルマガエル
（*Pelophylax porosus brevipodus*）

絶滅危惧ⅠB類（環境省RDB）
絶滅寸前種（奈良県RDB）

①無尾目アカガエル科
②本州中部以西、四国の一部に分布。（日本固有種）
③トノサマガエルとよく似るが、後肢は短く、背部の楕円形の黒色斑紋がつながらず独立す

ることで見分けがつく。

同所的に生息することはあるが、その場合はトノサマガエルの方が水深は浅く、陸域に近い場所を好む。岡山種族と名古屋種族にさらに分けられ、名古屋種族では背側線があるものが多く、岡山種族ではほとんど見られない。生息地では、平地から低山地の田んぼや小河川、池などで確認することができる。小型の昆虫や小動物を食べる肉食性。減少が著しく絶滅が懸念される。日本には他に別亜種として東日本にトウキョウダルマガエル（*P. p. porosus*）が分布する。
④以前は奈良盆地に広く分布し、橿原市にも分布していた可能性はあるが、現在では絶滅したと考えられる。明日香村や高取町では今でも観察されるという報告はあるが、その個体数や生息地は極めて少ないと推定される。奈良県では、「奈良県希少野生動植物の保護に関する条例」により、捕獲が禁止されている。

１１．トノサマガエル
（*Pelophylax nigromaculatus*）

準絶滅危惧（環境省 RDB）
①無尾目アカガエル科
②関東や東北の一部を除く本州、四国、九州に自然分布するが、北海道では人為分布。
③ナゴヤダルマガエルとよく似るが、背部の黒色斑紋がつながっていること、後肢が長いことで見分けがつく。

明瞭な背側線がある。繁殖期の雄は黄色い婚姻色を示す。平地から低山地の田んぼや小河川、池などでよく見られる。小型の昆虫や小動物を食べる肉食性。
④橿原市ではかつては広範囲に見られたが、平地を中心に減少し、おそらく圃場整備などの影響によって生息地や個体数は減少していると思われる。明日香村や高取町では、山地に近い田んぼでは比較的よく観察されている。

１２．ヌマガエル
（*Fejervarya kawamurai*）

①無尾目ヌマガエル科
②本州中部以西、四国、九州、先島諸島を除く琉球列島、台湾や中国に分布。
③ツチガエルとよく似るが、背部のいぼの盛り上がりが小さいことや腹部が白く、また両眼の間にV字模様があることで見分けられる。

ツチガエルとともにイボガエルと呼ばれ、さわるといぼができるなどと言われることがあるが、そのようなことはない。全国的にカエル類が減少している現在では、比較的多く見られるカエルの1種である。昆虫など小型の節足動物を食べる肉食性。

④橿原市内では水田でもっとも多く見られるカエルで、高取町や明日香村でも普通に見られる。

13．シュレーゲルアオガエル
（*Rhacophorus schlegelii*）

①無尾目アオガエル科
②本州、四国、九州に分布。（日本固有種）
③名前のシュレーゲルとは、シーボルトコレクションを研究したオランダ・ライデン博物館の館長名に由来する。緑色の体色をしており、ニホンアマガエルに似ているが、鼓膜周辺が黒くならないことで見分けられる。モリアオガエルとも似ているが、本種は虹彩が金色をしていることで識別は可能。吸盤が発達しており、草や木に容易に登ることができる。田んぼのあぜに穴を掘り、泡を出してその中に卵を産む。産卵には田んぼのあぜが土であることが重要な要素。

④橿原市では東部など山地に近い田畑で見られる。高取町や明日香村では、山麓の水田域で比較的多く見られる。

参考文献

環境庁編（1982）「第2回自然環境保全基礎調査 動物分布調査調査報告書（両生類・は虫類）1978 奈良県」、日本の重要な両生類・は虫類（近畿版）。大蔵省印刷局：pp21。

環境省編（2014）レッドデータブック 2014 − 日本の絶滅のおそれのある野生生物− 3 爬虫類・両生類。ぎょうせい：pp153.

奈良県レッドデータブック策定委員会編（2006）大切にしたい奈良県の野生動植物〜奈良県版レッドデータブック〜 せきつい動物編。奈良県：pp143。

日本爬虫両棲類学会編「日本産爬虫両棲類標準和名（2014年11月9日改訂）」（ホームページより）

II—4 魚 類

はじめに

　飛鳥地域（明日香村・高取町・橿原市）で2000年以降に確認され現在も定着していると思われる魚類は7目13科34(亜)種である。そのうち外来種は5種である。橿原は平地が多いために流れがゆるやかで水質の富栄養化にも比較的強い中・下流域の環境を好む種が多く、明日香・高取では流れが速く水質がきれいな上流の環境を好む種が多く生息する。

　飛鳥から藤原に我が国の都がおかれたころは、海運が盛んであり大和川を大型の運搬船が頻繁に往来しており大陸の文化が多く持ち込まれた。現在のように水量が少なく、多くの堰があり川と海を回遊する種が生息できないことはなかった。事実、藤原京での食生活ではアユなどが食されていた。

藤原京内で食されていた膳に並ぶアユ
（藤原宮跡資料室：奈良文化財研究所）

1997年に改正された河川法は、河川環境（水質・景観・生態系等）の整備と保全が示されている。魚類をはじめとした河川を利用する生物に配慮した整備や、さらには生物がすみやすい河川環境への再生が求められる。

　人間生活と自然との調和が取れた街づくりが基礎となった歴史的景観の保全を河川環境から取り組む必要がある。

1．ニホンウナギ（*Anguilla japonica*）

絶滅危惧IB類（環境省RDB）

①ウナギ目ウナギ科
②日本全国
③甲殻類や小魚などを食べる肉食性。マリアナ諸島付近で生まれた卵はレプトセファルス幼生という特殊な形態で海流に乗って日本沿岸にやってくる。日本沿岸に来ると透明なシラスウナギに変態し、河川を遡上して成長、淡水域で数年を過ごしたのち再び海に降ってマリアナ諸島付近に向かうと考えられている。また河川に遡上せず一生を海で過ごす個体もいると言われている。
④2001年に橿原市内の米川で確認されているが、食用に盛んに流通していることから人為的移入が疑われる。しかし明日香村では過去に生息報告があり、堰が無い時や下流の汚濁があまり無い時には海から明日香村まで遡上していた可能性がある。

2．アユ（*Plecoglossus altivelis altivelis*）

絶滅寸前種（奈良県RDB）

①サケ目アユ科
②北海道西部以南の北海道、本州、四国、九

州など
③背側がオリーブ色で腹側が銀色をしている。胸鰭の基部付近には黄色の模様が現れることが多い。背鰭前縁部がピンク色になることがある。産卵期は全体に黒ずんだ体色となる。尾柄部上部前方に脂鰭を持つ。河川下流の砂礫底で産卵し、孵化した稚魚は一度海に降りしばらく沿岸部で暮らすが、少し成長すると河川を遡上し、もっぱら石についた藻類を食べるようになる。日本には他に別亜種として琉球列島にリュウキュウアユ（*P. a. ryukyuensis*）が生息する。
④奈良県では吉野川水系に多く見られるが、そのほぼすべてが毎年漁協により放流されたものである。大和川水系では現在、途中に堰があるため飛鳥地域まで遡上することは不可能であると思われるが、橿原市との市境に近い桜井市大福の寺川、明日香村岡の飛鳥川と高取と御所を流れる曽我川で見つかっている。人為的移入か吉野川分水に由来するものであることが疑われる。

３．アマゴ（サツキマス）
（*Oncorhynchus masou ishikawae*）

準絶滅危惧種（環境省 RDB）
①サケ目サケ科
②本州中部以西の太平洋側、四国、九州北部など。人為的移入によりそれ以外の地域でも見られる（日本固有亜種）
③体の背側に小黒点、体側面に楕円形の模様を持つが大型個体では不明瞭になる。体側面を中心に朱点が見られ、東日本や日本海側に生息する別亜種ヤマメ（*O. m. masou*）と区別される。いったん海に降り産卵のために再び河川に遡上する降海型（サツキマス）と一生を河川で過ごす河川残留型（アマゴ）があるが、降海型はかなり数をへらしている。釣り対象用や食用に各地で養殖される。
④明日香村では、たまに捕獲される。飛鳥川稲渕上流域で養殖していた時期がありそれが放流された可能性が高い。

４．カワムツ（*Nipponocypris temminckii*）

①コイ目コイ科
②富山県・静岡県以西の本州、四国、九州。人為的移入により関東でも見られる。
③背側は褐色、腹側は白色で、体側中央に目立つ幅広い黒帯がある。河川の中流から上流に生息する。主に昆虫や小型の節足動物を食べるが、藻類なども食べる肉食傾向の強い雑食性。
④河川の上流側や用水路で多数見られる。明日香村ではアカモチという地方名がある。

５．ヌマムツ（*Nipponocypris sieboldii*）

希少種（奈良県 RDB）
①コイ目コイ科
②静岡県以西の本州、四国北部、九州北部（日

本固有種）
③背側は褐色、腹側は白色で、体側中央に目立つ幅広い黒帯がある。カワムツに極めてよく似ており、かつては同種とされたことがあるが、口先がとがること、鱗が細かいこと、腹鰭前縁が赤くなることで見分けられる。カワムツよりも河川の下流部に生息する傾向がある。主に昆虫や小型の節足動物を食べるが、藻類なども食べる肉食傾向の強い雑食性。
④北部で生息しているが数は多くないと思われる。

６．オイカワ（*Zacco platypus*）

①コイ目コイ科
②北陸・関東地方以西の本州、四国北部、九州。東北地方や四国南部にも人為的移入により見られる。
③小型の個体や雌は白から銀色の体色をしているが、雄は臀鰭が大きく、繁殖期になると水色や紅色の鮮やかな婚姻色を示す。河川中流から下流の流れのある浅い場所に多い。小型の昆虫や節足動物、藻類などを食べる雑食性。
④河川下流域や用水路の浅い砂地の場所に多数生息する。この地域では、タモロコと区別せずハイジャコやハエジャコと呼ばれることがある。

７．ウグイ（*Tribolodon hakonensis*）

①コイ目コイ科
②北海道、本州、四国、九州など
③体全体に銀色で、背部は少し暗色になる。体側中央に薄く帯状の模様が入るものもいる。繁殖期になると腹側が鮮やかな赤色になり、体側の模様もはっきり現れる。生息域南部のものは一生を淡水で過ごすが、北部のものの中にはコイ科にしては珍しく降海するものがおり、海で成長する。藻類や魚卵、昆虫、小動物など色々なものを食べる雑食性で、大きくなったものには魚食性もある。
④飛鳥川や曽我川でたまに捕獲される。吉野川分水によってやって来た可能性も考えられる。

８．アブラハヤ
（*Phoxinus logowskii steindachneri*）

希少種（奈良県RDB）
③　コイ目コイ科
②本州
③タカハヤと極めてよく似ているが、鱗が細かいこと、尾柄部が細いこと、尾鰭後縁の湾入が深いことで見分けられるとされる。鱗が細かいため、捕まえるとヌルヌルした感覚があり名前の由来となっている。体側中央に黒い帯模様が入ることが多いが、環境や個体の状況によって消失する。成熟した雌の口吻はへら状になる。藻類や昆虫などの小動物を食べる雑食性。
④明日香村で2005年10月にアブラハヤと思

われる個体（写真）が捕獲されている。

9．タカハヤ
（*Phoxinus oxycephalus jouyi*）

①コイ目コイ科
②静岡県・富山県以西の本州、四国、九州
③アブラハヤと極めてよく似ているが、鱗が多少荒いこと、尾柄部が太いこと、尾鰭後縁の湾入が浅いことで見分けられるとされる。体側中央に黒い帯模様が入るが、アブラハヤに比べると斑点状になることが多い。ただしこれは環境や個体の状況によって消失することがある。
④飛鳥川、寺川の上流で見られる。飛鳥川に生息する魚の中では一番上流まで生息する。明日香村ではロクという地方名がある。

10．タモロコ
（*Gnathopogon elongatus elongatus*）

①コイ目コイ科
②東海・中部地方以西の本州、四国。関東地方も自然分布の可能性がある。人為的移入により東北地方や九州にも生息する（日本固有種）
③モツゴとよく似るが、1対2本の口ひげがあることで見分けがつく。体側中央に黒い帯状の模様が見られる。ユスリカの幼虫などの小さな昆虫や動物プランクトンなど動物食性が強いが、藻類なども食べる雑食性。
④比較的流れのゆるやかな場所で多く見られる。ただし洪水対策などにより河川の水深を浅く管理するようになった場所では数を減らしているように思われる。飛鳥地域では、オイカワとともにハイジャコやハエジャコと呼ばれることがある。

11．ムギツク （*Pungtungia herzi*）

希少種（奈良県 RDB）

①コイ目コイ科
②福井県・滋賀県・三重県以西の本州、四国の一部、九州北部
③体側中央に明瞭の黒帯状の模様を持ち、それが眼の前方にまで続く。オヤニラミ、ドンコ、ヌマチチブなど親が卵を保護する種類の魚の巣に突入して産卵し、卵をその魚自身の卵と一緒に守らせる託卵という珍しい習性を持つ。ユスリカの幼虫のような小さな昆虫など動物食性が強いが、藻類なども食べる雑食性。
④飛鳥川や初瀬川で見られる。本種がドンコの巣に託卵することを大阪教育大学チームがこの地域の本種の調査で発見した。明日香村ではクチボソという地方名がある。

12. モツゴ（*Pseudorasbora parva*）

①コイ目コイ科
②関東以西の本州、四国、九州。人為的移入により日本各地
③タモロコに似るが、口ひげがないことや頭がとがることにより見分けがつく。体側中央に黒い帯状の模様が見られるが、成熟した雄は体全体が灰色になり帯状の模様は消える。雄が石の表面などに産みつけられた卵を守る習性がある。池などの止水域を好み、河川では数が少ない。水質汚染に強く、石などに卵を産む習性からコンクリート護岸でも繁殖が可能で、都会の公園の池などにも生息しているが、オオクチバスのような魚食性の外来種が放流されると姿を消す。
④河川では、少ないながらも見られる。かつては、ため池で多く生息していた。

13. カマツカ（*Pseudogobio esocinus esocinus*）

①コイ目コイ科
②岩手県・山形県以南の本州、四国、九州など
③背部は淡褐色をしており、暗色のまだら模様がある。腹部は白色。1対の口ひげがある。河川上流から下流の底が砂地になった場所に多い。もっぱら川底におり、吻をのばしてエサを底砂とともに吸い込み、エラから砂だけ出す。砂によくもぐる。主に底性小動物を食べるが、藻類なども多少食べる雑食性。最近の研究で隠蔽種が含まれており将来2種に別れる可能性が指摘されている。
④河川では底が砂地の河川であれば比較的普通に見られる。20年程前、橿原市内で本種を「スナネゴ」と呼ぶ釣り人がいた。大阪府の石川流域によく似た「スナネコ」と呼ぶ地域があるようである。同釣り人は「スナネゴ」とは別に「ツチネゴ」という魚もいることを話していたが、同種の個体変異か別種の何らかの魚をさすのかは不明であった。

14. イトモロコ（*Squalidus gracilis gracilis*）

希少種（奈良県 RDB）

①コイ目コイ科
②濃尾平野以西の本州、四国北東部、九州北部など（日本固有亜種）
③背部に網目状の暗色斑模様がある。体側中央に金色と黒い帯状の点列模様が見られる。1対2本の口ひげがある。砂底や砂礫底になった流れのゆるやかな河川中流域や下流域に見られることが多い。水生昆虫や動物プランクトン、藻類などを食べる雑食性。
④大和川水系の河川では普通見られないが、飛鳥川で捕獲された記録があり、吉野川分水による移入が疑われる。

15. ズナガニゴイ
(*Hemibarbus longirostris*)

絶滅危惧種（奈良県 RDB）

①コイ目コイ科
②近畿地方以西の本州
③ニゴイによく似るが、体長が小さい。また、ニゴイに比べ体に小黒点が多く見られる。1対2本の口ひげを持つ。河川の上流域や中流域の底が砂地になった場所に見られる。川底近くを泳ぐことが多く、砂にもよくもぐる。主に水生昆虫を食べる肉食性の強い雑食性。
④この地域で、かつて生息報告があった。現在は見かけることがなく絶滅している可能性がある。

16. ニゴイ（*Hemibarbus barbus*）

①コイ目コイ科
②本州、四国、九州北部（日本固有種）
③河川の中流域から下流域にかけて生息する。名前のとおり上から見るとコイに似るが、横から見るとコイよりも細長い体型をしている。また口ひげがコイは2対4本であるのに対し、ニゴイは1対2本。水生昆虫などの小動物や藻類などを食べる雑食性だが、大型になった個体は小魚も食べるようになる。ニゴイとされるものの中に下唇の皮弁の発達したコウライニゴイ（*H. labeo*）という別種がまじっている可能性が指摘されている。
④橿原市ではニゴイ類の生息報告があるが、ニゴイかコウライニゴイかは確認されていない。明日香村では下唇の皮弁の発達していないニゴイと思われる個体（写真）が2006年10月に確認されている。ニゴイとコウライニゴイの分布状況は不明だが、少なくとも吉野川ではコウライニゴイが確認されていることから吉野川分水を受ける大和川水系では両種が生息する可能性があり同定に注意を要する。

17. コイ（*Cyprinus carpio*）

①コイ目コイ科
②日本全国（ただし人為的移入による分布域を含む）
③小型の個体は体型がフナ類に似るが、2対4本のヒゲを持つことや鱗が細かいことにより慣れれば容易に見分ける。古くから人に食用として利用されているため、国外産も含め盛んに移植が行われている。そのため本来の生息域は不明。改良品種であるニシキゴイは観賞魚として有名で、世界中に輸出されている。最近の研究によると琵琶湖産の野生型とされる細長い個体は、移植型とされる体高の高い個体と遺伝的に大きく隔たりがあることが判明しており、将来別種になる可能性がある。ゆるやかな流れの河川や池に生息し、小動物や藻類など何でも広く食べる雑食性。
④橿原市では放流などが行われたこともある。この地域の多くの河川で、普通に見られる。

18. ゲンゴロウブナ（*Carassius cuvieri*）

絶滅危惧ⅠB類（環境省RDB）
①コイ目コイ科
②琵琶湖（琵琶湖固有種）、人為的移入により日本各地
③日本に生息する他のフナの仲間に比べて体高が高く、眼の位置が低いのが特徴。主に植物プランクトンを食べており、エサを漉し取る鰓耙の数が多い。本来は琵琶湖のみに生息する琵琶湖固有種であるが、より体高が高く大型になるように改良された品種がヘラブナという名前で釣り対象魚として日本各地に放流されている。
④ヘラブナがため池などによく放流されており、河川でもときおり見られる。

19. ギンブナ（*Carrasius auratus langsdorfii*）

①コイ目コイ科
②北海道、本州、四国、九州、琉球列島
③河川中流域では最もよく見かけるフナで、褐色や灰色、銀白色の体色をしている。分類学的に混乱が見られるが、一般にはギンブナにはオスがおらず、他種の魚の精子で卵が発生する雌性発生という習性が知られている。他種の魚の精子で受精しても、精子の遺伝情報は伝わらず、生まれてくるのはすべてギンブナである。河川中流から下流域や池沼などに生息し、底性小動物や藻類、動物プランクトンなどを食べる雑食性。
④寺川、飛鳥川、高取川や曽我川の支流に生息するが、個体数は、激減している。

20. キンギョ（*Carrasius auratus auratus*）

①コイ目コイ科
②人為的移入により日本各地
③キンギョの原種は中国原産のフナの仲間で、突然変異で赤変したものを品種改良して作り出されたと言われている。世界中の観賞魚の中では最も品種改良が行われている種であり、さまざまな色彩や体型の品種が見られる。金魚すくいでよく使われる和金のように赤いだけで体型はほとんどフナと変わらない品種もあれば、本来1枚であるはずの尾鰭や臀鰭が1対2枚に増加している品種もあるなど、極めて多様性に富んだ品種が見られるのは、他の観賞魚にはない大きな特徴である。
④奈良県は大和郡山市を中心に金魚養殖が盛んで、橿原市内のため池でも養殖されている。橿原市内の河川ではときおり金魚すくいの金魚が放流されたと思われる和金が見られるが、数は少ない。観賞魚を自然環境に放流することは定着の危険性や伝染病の伝播につながるなど好ましいことではないが、幸い放流された金魚の生存率は低いらしく定着にはいたっていないと思われる。

21．アブラボテ（*Tanakia limbata*）

絶滅危惧種（奈良県RDB）

①コイ目コイ科
②濃尾平野以西の本州、四国、九州
③アブラの名前のとおり、体色が薄茶色で油を塗ったような色をしている。1対2本の口ひげを持つ。ボテはタナゴの地方名であるボテジャコによる。タナゴの仲間全般の特徴としてイシガイ科の二枚貝に卵を産む習性を持っており、タナゴ類の保護には二枚貝の保護が必須だが用水路の三面護岸化などにより数を減らしている。小河川や水路を好み、ユスリカの幼虫のような小型の水生昆虫などを主に食べる肉食性の強い雑食性。
④ごく一部の地域に生息している。生息場所が極めて限られており、乱獲や護岸改修などが行われれば容易に絶滅することが懸念される。

22．タイリクバラタナゴ（*Rhodeus ocellatus ocellatus*）

外来種

①コイ目コイ科
②人為的移植により日本各地
③アジア大陸東部と台湾原産の外来亜種。ハクレンの移入にまぎれて日本に侵入したと考えられており、観賞魚としても流通したことから日本各地に広がった。幼魚やメスは背鰭に黒い斑紋がひとつあるのが特徴。雄は虹色の体色をしている。日本在来亜種であるニッポンバラタナゴ（*R. o. kurumeus*）と亜種関係にある。腹鰭前縁が白くなっていることで見分けることができる。ただしニッポンバラタナゴとの交雑により、あいまいな個体もいるとされる。ニッポンバラタナゴと容易に交雑するためニッポンバラタナゴの生息に大打撃を与えたほか、移入された地域では他種のタナゴ類も減少する場合があることから要注意外来生物に指定されている。

23．シマドジョウ（*Cobitis biwae*）

①コイ目ドジョウ科
②山口県西部・伊豆半島などを除く本州、四国（日本固有種）
③細長い体と3対6本のヒゲを持つ。背部は暗色のまだら模様で、体側に沿って黒色の丸い模様が並ぶ。底が砂地になった河川に多い。エサである底性小動物を砂と一緒に吸い込み、エラから砂だけ吐き出す習性がある。砂によくもぐる習性がある。
④寺川、飛鳥川、曽我川、高取川で普通に見られる。

24．ドジョウ（*Misgurnus anguillicaudatus*）

①コイ目ドジョウ科
②日本全国
③細長い体と5対10本のヒゲを持つ。背部は褐色のまだら模様で、腹部は白色。ほとんどの時間を水底で生活し、あまり水中を泳ぎまわることはない。水田や用水路、底が泥になった河川に多い。エサである底性小動物を泥と一緒に吸い込み、エラから泥だけ吐き出す習性がある。エラ呼吸のほかに腸で呼吸することができるために水面まで一気に上がって、空気を吸い込みまた底に戻るという行動を見せる。冬は泥にもぐって越冬状態になり、水がなくなっても泥が湿っていれば生きることができる。近年本種とよく似た中国大陸・台湾原産のカラドジョウ（*Paramisgurnus dabryanus*）が人為的移入により日本各地に定着しており注意を要する。
④橿原ではドジョウ寿司として食されていた。

25．ギギ（*Pseudobagrus nudiceps*）

希少種（奈良県RDB）
①ナマズ目ギギ科
②近畿地方以西の本州、四国、九州北東部（関東地方や北陸地方に人為的移入）
③3対6本のヒゲを持ち、背鰭の後ろには脂鰭がある。体色は黒から暗黄褐色のまだら模様。河川の上流から中流に多く、岩の隙間などにかくれていることが多い。主に底性動物や小魚を食べる肉食性の強い雑食性。ギギと鳴くことが知られており、名前はここからついた。

④寺川、飛鳥川、曽我川、高取川で多くはないが見られる。

26．ナマズ（*Silurus asotus*）

① ナマズ目ナマズ科
②琉球列島をのぞくほぼ日本全国だが、関東地方以東は人為的移入だと言われている。
③大きな頭を持ち、幼魚のころは3対6本のヒゲを持つが成魚になると2対4本に減る。河川の中流から下流に多く、産卵期には用水路や水田にも侵入する。肉食性で、小魚や甲殻類、カエルなどを食べる。昔から地震とよく関連付けられてきたなじみの深い魚である。
④寺川、飛鳥川、曽我川、高取川で見られる。

27．メダカ（*Oryzias latipes latipes*）

絶滅危惧Ⅱ類（環境省レッドリスト）
希少種（奈良県RDB）
①ダツ目メダカ科
②本州、四国、九州、琉球列島（北海道に人為的移入）
③日本に生息する淡水魚ではもっとも小さい。上向きにとがった頭と大きな眼を持ち、メダカの名前の由来となっている。小さい魚の総称としてメダカが用いられたり、観賞魚や実験材料として古くから親しまれてきた魚である。平野部の浅いゆるやかな流れを好むために最近の河川改修や用水路の護岸などにより

著しく数を減らしている。動物プランクトンや植物プランクトン、水面に落ちた小昆虫、糸ミミズなどを食べる雑食性。体に対し、かなり大きな卵を少数産む。
④植物がゆたかで流れのゆるやかな浅い河川や池に生息する。各地の用水路や水田で見ることができる。

28．カムルチー（*Channa argus*）

外来種

①スズキ目タイワンドジョウ科
②人為的移入により日本各地
③アジア大陸東部原産の外来種で、1923～1924年ごろ奈良県に移植されたのが最初の移入例と言われる。体側に2列に並ぶ菱形の模様が見られる。植物の繁茂したゆるやかな流れの河川や池に生息し、ペアになった雌雄は水草などを集めて巣を作って産卵することが知られている。孵化した稚魚もしばらくは両親に保護される。上鰓器官と呼ばれる部分で空気呼吸を行うことが知られており、水面から遮断されると窒息死する。小魚や甲殻類を食べる肉食性であることから要注意外来生物に指定されているが、在来生物に対してあまり脅威になっていないとも言われており、さらに近年では河川改修や護岸により数を減らしている。
④市街地の池や寺川、初瀬川、曽我川に生息している。

29．オオクチバス
（*Micropterus salmoides salmoides*）

特定外来生物

①スズキ目サンフィッシュ科
②人為的移入により日本全国
③北アメリカ原産の外来種で1925年に食用と遊魚を目的に神奈川県の芦ノ湖に移植され、その後、遊魚を目的に各地に移植された。少し緑がかった銀色をしており、体色中央に黒い線状のまだら模様が見られることが多い。また尾鰭先端が黒っぽく、水面に浮かんでいる本種を見分ける指標になる。止水域に多く、小魚や甲殻類を食べる肉食性で、ルアー釣りの対象として広く利用されている。その一方で、移植された場所の魚類や甲殻類を捕食して大打撃を与えることから、特定外来生物に指定され、無許可の輸入や移植、飼育が禁止されるとともに、各地で駆除が行われている。自然愛好家や学者、漁業関係者と遊魚者との間でその移植経緯や生息量、利用と駆除をめぐり大きな問題となった種である。日本には他に別亜種としてフロリダバス（*M. s. floridanus*）が1988年に奈良県の池原貯水池と神奈川県の津久井湖に移入され、他の水域にも密放流されている。池原貯水池や琵琶湖などでは両亜種が交雑した個体が知られる。
④ため池などに移植されて生息している。河川でもときおり見られるが、流れのある河川では多くはない。

30. ブルーギル（*Lepomis macrochirus*）

特定外来生物

①スズキ目サンフィッシュ科
②人為的移植により日本各地
③北アメリカ原産の外来種で食用を目的に1960年に18匹が導入され、そこから増殖させたものが1963年以降ダム湖や溜池数ヶ所に放流されている。天然水域への最初の移植は1966年の静岡県の一碧湖への放流である。体高が高く平たい体をしており、鰓蓋の後ろに丸い濃紺の突起がある。止水域を好み、雑食性だが、繁殖力が強く移植された場所で爆発的に増えて小魚や魚卵、甲殻類を捕食して大打撃を与えることから特定外来生物に指定され、無許可の輸入や移植、飼育が禁止されるとともに、各地で駆除されている。
④河川やため池などで見られる。流れのある河川では数は多くはないが、ため池では爆発的に増えている場合がある。

31. ドンコ（*Odontobutis obscura*）

①スズキ目ハゼ亜目ドンコ科
②愛知県・新潟県以西の本州、四国、九州
③大きな頭と口を持っている。体色は黄土色から黒っぽい色をしているが、背鰭の辺りから黒い斑紋がある個体もいる。河川の中流域に多いが池にも生息していることがある。魚類や甲殻類を食べる肉食性で、体に対してかなり大きなものでも食べる。雄は石の下に巣を作り、雌を呼び込んで産卵させたあと孵化するまで保護することが知られている。
④南部や東部の河川上流側で見られ、渓流部を除いた河川で見られる。カワヨシノボリなどと区別せずゴロ、ゴロキン、バタという地方名がある。

32. シマヒレヨシノボリ（*Rhinogobius* sp. BF）

①スズキ目ハゼ亜目ハゼ科
②本州・四国・九州の瀬戸内海沿岸を中心とした地域
③かつてはトウヨシノボリ（*R. kurodai*）の1型とみなされており、トウヨシノボリ縞鰭型と呼ばれていたが、2010年にシマヒレヨシノボリという標準和名が提唱された。ただしまだ学名がつけられていない。池沼に多いが、流れのゆるやかな河川でも見られる。主に小さな水生昆虫や動物プランクトンなどを食べる肉食性の強い雑食性。あまり水中を遊泳せず水底にいることが多いヨシノボリの仲間の中では比較的よく浮遊する。ビワヨシノボリ（*R.* sp BW）やトウヨシノボリと飼育下で容易に交雑することが知られており、野外でも両者の交雑個体らしいものが見つかっていることからシマヒレヨシノボリの生息場所にビワヨシノボリやトウヨシノボリが移植されることによる遺伝子汚染が懸念されている。

④ため池やゆるやかな流れの河川に多く見られる。トウヨシノボリと交雑したような個体が発見されており、動向に注意を要する。ドンコ（学名が *Odontobutis obscura* の種）と区別せず、ドンコと呼ばれることがある。

33．カワヨシノボリ
（*Rhinogobius flumineus*）

希少種（奈良県 RDB）
①スズキ目ハゼ亜目ハゼ科
②静岡県・富山県以西の本州、四国、九州、対馬（日本固有種）
③ヨシノボリの仲間は種数が多く、識別しにくいが、カワヨシノボリは胸鰭の条数が 17 本以下と他のヨシノボリの仲間よりも少ないことが知られる。また日本産のヨシノボリの中ではもっとも大きな卵を産み、孵化した稚魚は浮遊期を経ずに最初から水底で生活する。砂礫底になった河川に多く、泥底になった河川や止水域には生息しない。小さな水生昆虫を主に食べるが、石に付着した藻類なども食べる雑食性。斑紋型、無斑型、壱岐-佐賀型の 3 型に分けられる場合がある。
④砂礫底になった河川上流側で見られる。ドンコ（学名が *Odontobutis obscura* の種）と区別せず、ドンコ、ゴロ、ゴロキン、バタという地方名がある。

34．タウナギ（*Monopterus albus*）

外来種
①タウナギ目タウナギ科
②関東地方以西の本州。琉球列島のタウナギは固有種。
③基本茶褐色で腹部は黄土色、個体によっては黒色の縦縞がある。鱗がなく全身を粘液が覆う。尾鰭以外の鰭が退化しており、尾鰭もほとんど退化していることから一見するとヘビのような体型をしている。口腔で空気呼吸をする。雌から雄へ性転換をする。雄が口内保育をする。浅い湿地や水田、用水路、ゆるやかな河川などに見られ、小魚や小動物を食べる肉食性。
④この地域に生息するものは中国大陸原産の外来種であり水田に穴を開ける害魚となっている。

参考文献
明日香村史刊行会（1974）明日香村史 下巻：pp686.
今西塩一（2004）関西自然保護機構会誌，26（1）：21-28.
大阪市立自然史博物館（2007）大和川の自然．東海大学出版会：pp156.
橿原市役所（1987）橿原市史 本編 下巻：pp1011.
川那部浩哉ほか（2001）山渓カラー名鑑 日本の淡水魚 改訂版．山と渓谷社：pp719.

ChapterⅢ 昆虫類

はじめに

　飛鳥地域に生息する昆虫の種名を掲載し、一部の種（**太字**）では写真も紹介した。飛鳥地域の地形は平地から低山地が中心であり、自然環境の多様な山間地域の方が多くの種が生息しているように思える。しかし、大和三山や甘樫丘などの緑地や街中の田んぼや民家の庭の植物を利用する多くの昆虫も見られる。

　ハチ類では食植性のハバチやキバチ類、寄生バチ類、狩りバチ類、社会性のハチ類、アリ類、ハナバチ類など豊富に見られる。

　特に、社会性ハチ類のスズメバチ類では、オオスズメバチが郊外の雑木林が点在する地域に見られる。コガタスズメバチは、市街地でも、公園の植込みや街路樹、人家の生垣でも見られる。郊外の丘陵地帯や雑木林が広がる地域では、モンスズメバチやキイロスズメバチが見られる。最近では、オオスズメバチの営巣場所である雑木林や丘陵地帯が減少しており、モンスズメバチやキイロスズメバチを捕食するオオスズメバチの減少によって市街地内でも営巣が確認されている。現状では人間活動に対してはスズメバチ類の被害は顕在化していないが、今後スズメバチ類の生息環境の変化によっては人間に対する影響を考慮する必要がある。

　学名における亜種名は、分かったものは記したが、調べることのできなかったものも多くあり、そのようなものは記せなかった。また、掲載については、系統分類に基づき１．不完全変態のグループと２．完全変態のグループの順に紹介した。

　尚、昆虫類については出来るだけ多くの種を掲載するため解説等は記載していない。

Ⅲ－１　不完全変態のグループ

１－１　カゲロウ目（蜉蝣目）

１．フタオカゲロウ科

ヒメフタオカゲロウ　　（*Ameretus montanus*）
マエグロヒメフタオカゲロウ
　　　　　　　　　　（*Ameretus costalis*）
オオフタオカゲロウ（*Siphlonurus binotatus*）

２．チラカゲロウ科

チラカゲロウ　　　　（*Isonychia japonica*）

３．ヒラタカゲロウ科

オナガヒラタカゲロウ　（*Epeorus hiemalis*）
ウエノヒラタカゲロウ　　（*Epeorus uenoi*）
エルモンヒラタカゲロウ

**　　　　　　　　　　（*Epeorus latifolium*）**

タニヒラタカゲロウ　　（*Epeorus napaeus*）
ナミヒラタカゲロウ　　（*Epeorus lkanonis*）
ユミモンヒラタカゲロウ
　　　　　　　　　　（*Epeorus curvatulus*）
サツキヒメヒラタカゲロウ
　　　　　　　　　　（*Rhithrogena satsuki*）
シロタニガワカゲロウ
　　　　　　　　　　（*Ecdyonurus yoshidae*）
キョウトキハダヒラタカゲロウ

**　　　　　　　　　（*Heptagenia kyotoensis*）**

ミヤマタニガワカゲロウ
　　　　　　　（*Cinygma hirasana*）
4．コカゲロウ科
フタバコカゲロウ（*Pseudocloeon japonica*）
サホコカゲロウ　　　（*Baetis sahoensis*）
コカゲロウ属　他に数種　　（*Baetis sp.*）
5．トビイロカゲロウ科
トゲトビイロカゲロウ
　　　　　　（*Paraleptophlebia spinosa*）
ヒメトビイロカゲロウ
　　　　　　　（*Choroterpes trifurcata*）
6．マダラカゲロウ科
エラブタマダラカゲロウ
　　　　　　　（*Ephemerella japonica*）
ヨシノマダラカゲロウ
　　　　　　（*Ephemerella cryptomeria*）
オオマダラカゲロウ
　　　　　　　（*Ephemerella basalis*）
フタマタマダラカゲロウ
　　　　　　　（*Ephemerella kohonoae*）
ミツトゲマダラカゲロウ
　　　　　　　（*Ephemerella trispina*）
オオクママダラカゲロウ
　　　　　　　（***Ephemerella okumai***）

クロマダラカゲロウ（*Ephemerella nigra*）
シリナガマダラカゲロウ
　　　　　　（*Ephemerella longicaudata*）
イマニシマダラカゲロウ
　　　　　　　（*Ephemerella imanishii*）

ホソバマダラカゲロウ
　　　　　　（*Ephemerella denticula*）
クシゲマダラカゲロウ
　　　　　　　（*Ephemerella setigera*）
アカマダラカゲロウ　（*Ephemerella rufa*）
7．カワカゲロウ科
キイロカワカゲロウ
　　　　　　　（*Potamanthodes kamonis*）
8．モンカゲロウ科
トウヨウモンカゲロウ
　　　　　　　（*Ephemera orientalis*）
フタスジモンカゲロウ
　　　　　　　（***Ephemera japonica***）

モンカゲロウ　　　（*Ephemera strigata*）

1－2トンボ目（蜻蛉目）
1．ムカシトンボ科
ムカシトンボ　　（*Epiophlebia superstes*）

2．イトトンボ科
ベニイトトンボ　（*Ceriagrion nipponicum*）
アジアイトトンボ　　（*Ischnura asiatica*）
セスジイトトンボ（*Cercion hieroglyphicum*）
クロイトトンボ
　　　　　　（*Cercion calamorum calamorum*）
ムスジイトトンボ　（*Cercion sexlineatum*）

3. アオイトトンボ科
ホソミオツネントンボ
（*Indolestes peregrinus*）

アオイトトンボ　　（*Lestes sponsa*）

4. カワトンボ科
ハグロトンボ　　（*Colopteryx atrata*）

アサヒナカワトンボ（*Mnais pruinosa*）

5. トンボ科
シオヤトンボ　　（*Orthetrum japonicum*）

シオカラトンボ
（*Orthetrum albistylum speciosum*）

オオシオカラトンボ
（*Orthetrum triangulare melania*）

ハラビロトンボ（*Lyriothemis pachygastra*）

ショウジョウトンボ
（*Crocothemis servilia mariannae*）

アキアカネ　　　　（*Sympetrum fequens*）

ウスバキトンボ　　　（*Pantala flavescens*）

ナツアカネ　　　（*Sympetrum darwinianum*）
マユタテアカネ
　　　　　　（*Sympetrum eroticum eroticum*）
リスアカネ　　　　（*Sympetrum risi risi*）
ネキトンボ　　　（*Sympetrum speciosum*）

チョウトンボ　　　（*Rhyothemis fluliginosa*）

ノシメトンボ　　（*Sympetrum infuscatum*）

6．ヤンマ科
ギンヤンマ　　　　（*Anax parthenope julius*）
サラサヤンマ　　　　（*Sarasaeschna pryeri*）
ヤブヤンマ（*Polycanthagyna melanictera*）
ウチワヤンマ（*Sinictinogomphus clavatus*）

ナニワトンボ　　　（*Sympetrum gracile*）

コシアキトンボ（*Pseudothemis zonata*）

クロスジギンヤンマ
　　　（*Anax nigrofasciatus nigrofasciatus*）
マルタンヤンマ　（*Anaciaeschna martini*）
コシボソヤンマ　　（*Boyeria maclachlani*）
カトリヤンマ　　**（*Gynacantha japonica*）**

7．オニヤンマ科
オニヤンマ（*Anotogaster sieboldii*）

8．サナエトンボ科
コオニヤンマ（*Sieboldius albardae*）
ダビドサナエ　　　　（*Davidius nanus*）
オナガサナエ（*Melligomphus viridicostus*）
ヒメクロサナエ　　　（*Lanthus fujiacus*）
フタスジサナエ　　（*Trigomphus interruptus*）

1－3　ゴキブリ目
1．ゴキブリ科
クロゴキブリ（　*Periplaneta fuliginosa*）

ヤマトゴキブリ　　（*Periplaneta japonica*）

2．チャバネゴキブリ科
モリチャバネゴキブリ
　　　　　　　　　（*Blattella nipponica*）

3．オオゴキブリ科
オオゴキブリ
　　　　（*Panesthia angustipennis spadica*）

1-4 シロアリ目（等翅目）
1. ミゾガシラシロアリ科
ヤマトシロアリ（*Reticulitermes speratus*）

1-5 カマキリ目（蟷螂目）
1. カマキリ科
チョウセンカマキリ

（*Tenodera angustipennis*）

オオカマキリ（*Tenodera aridifolia*）

コカマキリ（*Statilia maculata*）

ハラビロカマキリ（***Hierodula patellifera***）

ヒメカマキリ　　　（*Acromantis japonica*）

1-6 ハサミムシ目（革翅目）
マルムネハサミムシ科
ハサミムシ（*Anisolabis maritima*）

1-7 カワゲラ目（襀翅目）
1. ミジカオカワゲラ科
ミジカオカワゲラ　　　（*Doddsia sp.*）
2. オナシカワゲラ科
オナシカワゲラ　　　（*Nemoura sp.*）
フサオナシカワゲラ　　（*Amphinemura sp.*）
3. ハラジロオナシカワゲラ科
ハラジロオナシカワゲラ（*Paraleuctra sp.*）
4. ヒロムネカワゲラ科
ノギカワゲラ　　　（*Cryptoperula japonica*）
5. アミメカワゲラ科
ヤマトアミメカワゲラモドキ
　　　　　　　　（*Stavsolus japonicus*）
フタスジミドリカワゲラモドキ
　　　　　　　　（*Isoperla nipponica*）
6. カワゲラ科
スズキクラカケカワゲラ
　　　　　　　　（*Paragnetina suzukii*）
オオクラカケカワゲラ
　　　　　　　　（*Paragnetina tinctipennis*）
カミムラカワゲラ　　　（*Kamimuria sp.*）

オオヤマカワゲラ　　　（*Oyamia gibba*）　　ニシキリギリス（*Gampsocleis buergeri*）

モンカワゲラ　　　（*Acroneuria stigmatica*）
マエキフタツメカワゲラモドキ
　　　　　　　　　　（*Kiotina pictetii*）

ハヤシノウマオイ（**Hexacentrus hareyamai**）

1－7　バッタ目（直翅目）
1. コロギス科
コロギス　　　（*Prosopogryllacris japonica*）

ヒメギス（*Eobiana engelhardti subtropica*）

ハネナシコロギス
　　　　　　　（*Nippancistroger testaceus*）
2. キリギリス科
ヤブキリ　　　　（***Tettigonia orientalis***）

コバネヒメギス　　　（*Metrioptera bonneti*）

クビキリギス（*Euconocephalus thunbergi*）

クサキリ（*Homorocoryphus lineosis*）

クツワムシ（*Mecopoda nipponensis*）

サトクダマキモドキ（*Holochlora japonica*）
ヒメクダマキモドキ（*Phaulula macilenta*）

セスジツユムシ（*Ducetia japonica*）

ツユムシ（*Phaneroptera falcata*）

アシグロツユムシ（*Phaneroptera nigroantennata*）

ササキリ（*Conocephalus melaenus*）

オナガササキリ（*Conocephalus gladiatus*）

3. コオロギ科・ヒバリモドキ科
エンマコオロギ（*Teleogryllus emma*）

ウスイロササキリ（*Conocephalus chinensis*）

ミツカドコオロギ（*Loxoblemmus doenitzi*）
ハラオカメコオロギ

（*Loxoblemmus arietulus*）

コバネササキリ（*Conocephalus japonicus*）

ホシササキリ（*Conocephalus maculatus*）

モリオカメコオロギ

（*Loxoblemmus sylvestris*）

ナツノツヅレサセコオロギ

（*Velarifictorus grylloides*）

ツヅレサセコオロギ（*Velarifictorus micado*）

コガタコオロギ　　（*Velarifictorus ornatus*）

クマコオロギ　　　（*Mitius minor*）

タンボコオロギ　　（*Velarifictorus parvus*）
クマスズムシ　　　（*Sclerogryllus puctatus*）
キンヒバリ　　　　（*Anaxipha　pallidula*）
クサヒバリ　　　（*Paratrigonidium bifasciatum*）
ヤマトヒバリ　　（*Homoeoxipha　lycoides*）
ヒゲシロスズ
　　　（*Polionemobius flavoantennalis*）

マダラスズ　　（*Dianemobius nigrofasciatus*）
シバスズ　　　（*Polionemobius mikado*）
ヤチスズ　　　（*Pteronemobius ohmachii*）

4. マツムシ科
アオマツムシ　（*Truljalia hibinonis*）

マツムシ
（*Xenogryllus marmoratus marmoratus*）

カンタン（*Oecanthus longicauda*）

6. ノミバッタ科
ノミバッタ（*Xya japonica*）

ヒロバネカンタン（*Oecanthus euryelytra*）

7. ケラ科
ケラ（*Gryllotalpa fossor*）

スズムシ（*Homoeogryllus japonicus*）

5. カネタタキ科
カネタタキ（*Ornebius kanetataki*）

8. ヒシバッタ科
ハラヒシバッタ（*Tetrix japonica*）

ハネナガヒシバッタ（*Euparatettix insularis*）　　ツチイナゴ　　　　（*Patanga japonica*）

9. バッタ科
キンキフキバッタ（*Parapodisma subastris*）

ツマグロイナゴモドキ　　（*Stethophyma magister*）

ショウリョウバッタ　　（*Acrida cinerea*）

ハネナガイナゴ　　（*Oxya japonica*）
コバネイナゴ　　（*Oxya yezoensis*）

ショウリョウバッタモドキ　　（*Gonisita bicolor*）

トノサマバッタ（*Locusta migratoria*）

イボバッタ（*Trilophidia japonica*）

クルマバッタモドキ（*Oedaleus infernalis*）

10. オンブバッタ科
オンブバッタ（*Atractomorpha lata*）

クルマバッタ（*Gastrimargus marmoratus*）

マダラバッタ
　（*Aiolopus thalassinus tamulus*）

11. カマドウマ科
マダラカマドウマ（*Diestrammena japonica*）

ヒロバネヒナバッタ
　　　　（*Stenobothrus fumatus*）
ヒナバッタ　　（*Chorthippus biguttulus*）

カマドウマ　　　　（*Diestrammena apicalis*）

1-8 ナナフシ目（竹節虫目）
1．ナナフシ科
ナナフシモドキ
（*Baculum irregulariterdentatum*）

エダナナフシ（*Phraortes illepidus*）

トゲナナフシ（*Neohirasea japonica*）

1-9 カメムシ目（半翅目）
1．アメンボ科
アメンボ　（*Aquarius paludum paludum*）
オオアメンボ　　　（*Aquarius elongatus*）

シマアメンボ　（*Metrocoris istrio*）

2．カタビロアメンボ科
カタビロアメンボ sp.（*Microvelia　sp.*）

3．ミズムシ科
ミズムシ　　　（*Hesperocorixa distanti*）

4．マツモムシ科
マツモムシ（*Notonecta triguttata*）

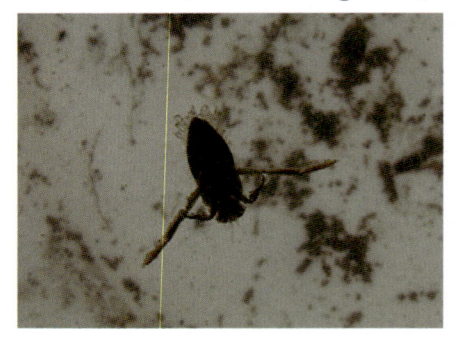

コマツモムシ（*Anisops ogasawarensis*）

5．ナベブタムシ科
ナベブタムシ（*Aphelocheirus vittatus*）

6．コオイムシ科
コオイムシ（*Appasus japonicus*）

7．タイコウチ科
タイコウチ（*Laccotrephes japonensis*）

ミズカマキリ（*Ranatra chinensis*）

ヒメミズカマキリ（*Ranatra unicolor*）

8．グンバイムシ科
アワダチソウグンバイ
　（*Corythucha marmorata*）

プラタナスグンバイ（*Corythucha ciliata*）
ナシグンバイ　　　（*Stephanitis nashi*）

9．サシガメ科
ヤニサシガメ　　　（*Velinus nodipes*）
シマサシガメ（*Sphedanolestes impressicollis*）

ヨコヅナサシガメ（*Agriosphodrus dohrni*）

10. ホソヘリカメムシ科
ホソヘリカメムシ（*Riptortus clavatus*）

11. マルカメムシ科
マルカメムシ（*Megacopta punctatissima*）

12. カメムシ科
アカスジカメムシ
　　（*Graphosoma rubrolineatum*）

ナガメ（*Eurydema rugosa*）

クサギカメムシ（*Halyomorpha halys*）
ウシカメムシ（*Alcimocoris japonensis*）

キマダラカメムシ（*Erthesina fullo*）

13. ツノカメムシ科
エサキモンキツノカメムシ
　　（*Sastragala esakii*）

14. セミ科
アブラゼミ（*Graptopsaltria nigrofuscata*）

ミンミンゼミ（*Oncotympana maculaticollis*）　　　クマゼミ　　（*Cryptotympana facialis*）

ニイニイゼミ　（*Platypleura kaempferi*）

ハルゼミ（*Terpnosia vacua*）

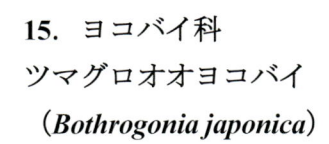

15. ヨコバイ科
ツマグロオオヨコバイ
　（*Bothrogonia japonica*）

16. アオバハゴロモ科
アオバハゴロモ（*Geisha distinctissima*）

ツクツクボウシ　　（*Meimuna opalifera*）

ヒグラシ　　　（*Tanna japonensis*）

17. ハゴロモ科
ベッコウハゴロモ（*Orosanga japonicus*）

18．アブラムシ科
クリオオアブラムシ（*Lachnus tropicalis*）
キョウチクトウアブラムシ（*Aphis nerii*）

Ⅲ－2　完全変態のグループ
2－1　アミメカゲロウ目（脈翅目）
1．ヘビトンボ科
ヘビトンボ（*Protohermes grandis*）

ヤマトクロスジヘビトンボ
　　　　　（*Parachauliodes japonicus*）
2．ウスバカゲロウ科
ウスバカゲロウ（*Hagenomyia micans*）

コマダラウスバカゲロウ
　　　　　（*Dendroleon jezoensis*）

2－2　甲虫目（鞘翅目）
1．ハンミョウ科
ハンミョウ（*Cicindelia japonica japonica*）

エリザハンミョウ（*Cicindela elisae*）
ニワハンミョウ（*Cicindela japana japona*）

2．オサムシ科
ヤコンオサムシ
　（*Carabus yaconinus yaconinus*）

マイマイカブリ
（*Damaster blaptoides blaptoides*）

オオヒラタシデムシ（*Eusilpha japonica*）

オオゴミムシ（*Lesticus magnus*）

ナガヒョウタンゴミムシ
　　　　　（*Scarites terricola pacificus*）

6. クワガタムシ科
コクワガタ（*Dorcus rectus rectus*）

クビボソゴミムシ（*Galerita orientalis*）

3. ホソクビゴミムシ科
ミイデラゴミムシ
　　　　　（*Pheropsophus jessoensis*）

4. ゲンゴロウ科
ハイイロゲンゴロウ（*Eretes strcticus*）
コシマゲンゴロウ（*Hydaticus grammicus*）

5. シデムシ科
クロシデムシ（*Nicrophorus concolor*）

スジクワガタ
（*Dorcus striatipennis striatipennis*）

ヒラタクワガタ（*Dorcus titanus pilifer*）

チビクワガタ（*Figulus binodulus*）

ミヤマクワガタ
（*Lucanus maculifemoratus maculifemoratus*）

7. コガネムシ科
カドマルエンマコガネ（*Onthophagus lenzii*）
コブマルエンマコガネ
　　　　　　　（*Onthophagus atripennis*）
クロコガネ　　　　（*Holotrichia kiotoensis*）
コカブト（*Eophileurus chinensis chinensis*）

ノコギリクワガタ
（*Prosopocoilus inclinatus inclinatus*）

カブトムシ
（*Trypoxylus dichotomus septentrionalis*）

マメコガネ（*Popillia japonica*）

セマダラコガネ（*Blitopertha orientalis*）

コフキコガネ　　　（*Melolontha japonica*）

コアオハナムグリ　　（*Gametis jucunda*）

ビロウドコガネ　　（*Maladera japonica*）

コガネムシ（*Mimela splendens*）
スジコガネ（*Mimela testaceipes*）

ドウガネブイブイ（*Anomala cuprea*）

アオドウガネ
　（*Anomala albopilosa albopilosa*）

ヒメコガネ（*Anomala rufocuprea*）
ハナムグリ（*Eucetonia pilifera*）
シロテンハナムグリ
　（*Protaetia orientalis submarumorea*）
カナブン（*Rhomborrhina japonica*）

クロカナブン（*Rhomborrhina polita*）

アオカナブン
（*Rhomborrhina unicolor unicolor*）

8．センチコガネ科
オオセンチコガネ
（*Geotrupes auratus auratus*）

センチコガネ（*Geotrupes laevistriatus*）

9．タマムシ科
タマムシ
（*Chrysochroa fulgidissima fulgidissima*）

ウバタマムシ
（*Chalcophora japonica japonica*）

10．コメツキムシ科
フタモンウスバタマコメツキ
（*Cryptalaus larvatus pini*）
オオナガコメツキ
（*Orthostethus sieboldi*）

11. ホタル科
ゲンジボタル（*Luciola cruciata*）

ヘイケボタル（*Luciola lateralis*）

クロマドボタル（*Pyrocoelia fumosa*）

オバボタル（*Lucidina biplagiata*）

ムネクリイロボタル
　　　（*Cyphonocerus ruficollis*）

12. カツオブシムシ科
ヒメマルカツオブシムシ
　　　（*Anthrenus verbasci*）

13. ジョウカイボン科
ジョウカイボン（*Athemus suturellus*）

14. ケシキスイ科
ヨツボシケシキスイ（*Librodor japonicus*）

15. オオキスイ科
ヨツボシオオキスイ（*Helota gemmata*）

16. テントウムシ科
ナナホシテントウ
（*Coccinella sepetempuncutata*）

ナミテントウ（*Harmonia axyridis*）

キイロテントウ　　（*Illeis koebelei*）
カメノコテントウ（*Aiolocaria hexaspilota*）

ミカドテントウ（*Chilocorus mikado*）
ニジュウヤホシテントウ
　　　（*Henosepilachna vigintioctopunctata*）

17. ゴミムシダマシ科
ナガニジゴミムシダマシ（*Ceropria induta*）
ユミアシオオゴミムシダマシ
　　　　　　　　（*Setenis valgipes*）
キマワリ（**Plesiophthalmus nigrocyaneus**）

アカハバビロオオキノコムシ
　　　　　　　（**Neotriplax lewisii**）

18. ツチハンミョウ科
ヒメツチハンミョウ（*Meloe coarctatus*）

ヒラズゲンセイ　　（*Cissites cephalotes*）

19. カミキリムシ科
ウスバカミキリ　　　（*Megopis sinica*）
ノコギリカミキリ
　　　（***Prionus insularis insularis***）

クロカミキリ　　（*Spondylis buprestoides*）
ベニカミキリ　（*Purpuricenus temminckii*）
クワサビカミキリ　　　（*Mesosella simiola*）
ムモンベニカミキリ
　　　（*Amarysius sanguinipennis*）
トラフカミキリ　　（*Xylotrechus chinensis*）
ゴマフカミキリ　　　　（*Mesosa myops*）
カタジロゴマフカミキリ（*Mesosa hirsuta*）
ゴマダラカミキリ（*Anoplophora malasiaca*）

キボシカミキリ　（*Psacothea hiraris hiraris*）

クワカミキリ　（*Apriona japonica*）

ホソヒゲケブカカミキリ
　　（*Eupogoniopsis tenuicornis*）
シロスジカミキリ　（*Batocera lineolata*）

キマダラカミキリ　（*Aeolesthes chrysothrix*）

オオヨツスジハナカミキリ
　　　　　（*Bellamira regalis*）

ラミーカミキリ　　（*Paraglenea fortunei*）　　　ジンガサハムシ（*Aspidomorpha indica*）

キイロトラカミキリ（*Xylotrechus zebratus*）　　イタドリハムシ　　（*Gallerucida bifasciata*）

20．ハムシ科

ウリハムシ（*Aulacophora femoralis*）
クロウリハムシ（*Aulacophora nigripennis*）

21．チョッキリゾウムシ科
ハイイロチョッキリ
　　　　　（*Cyllorhynchites ursulus*）

22．ゾウムシ科
オジロアシナガゾウムシ
　　　　　（*Nesalcidodes trifidus*）
ヒメシロコブゾウムシ
　　　　　（*Dermatoxenus caesicollis*）

23.オトシブミ科
オオコブオトシブミ
　　　　　　（*Phymatapoderus latipennis*）

２－３ハエ目（双翅目）
1. チョウバエ科
オオチョウバエ（*Clogmia albipunctatus*）

2. カ科
ヒトスジシマカ（*Aedes albopictus*）

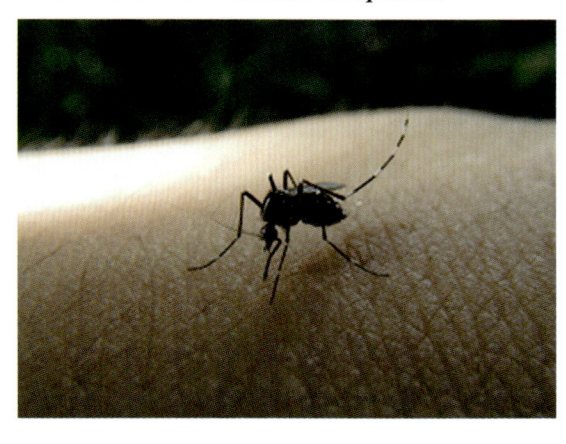

アカイエカ　　　（*Culex pipiens pallens*）

3. ユスリカ科
オオユスリカ　　（*Chironomus plumosus*）

4．ツリアブ科
ビロウドツリアブ　　（*Bombylius major*）

5．ハナアブ科
オオハナアブ（*Phytomia zonata*）

6．ナガレアブ科
ハマダラナガレアブ（*Atherix ibis japonica*）

7．ショウジョウバエ科
キイロショウジョウバエ
　　　　　　　（*Drosophila melanogaster*）

8．ヤドリバエ科
ブランコヤドリバエ（*Exorista japonica*）

2−4 トビケラ目（毛翅目）

1. ヤマトビケラ科
イノプスヤマトビケラ（*Glossosoma inops*）

2. ヒゲナガカワトビケラ科
ヒゲナガカワトビケラ
　　　　　　（*Stenopsyche marmorata*）
チャバネヒゲナガカワトビケラ
　　　　　　　（*Stenopsyche sauteri*）

3. アミメシマトビケラ科
シロフツヤトビケラ
　　　　　　（***Parapsyche maculata***）

4. シマトビケラ科
ウルマーシマトビケラ
　　　　　　（*Hydropsyche orientalis*）
コガタシマトビケラ
　　　　　　（*Cheumatopsyche brevilineata*）

5. クロツツトビケラ科
クロツツトビケラ　　（*Uenoa tokunagai*）

6. ナガレトビケラ科
ツメナガレトビケラ
　　　　　　（*Apsilochorema sutshanum*）
ヒロアタマナガレトビケラ
　　　　　　（*Rhyacophila brevicephala*）
ムナグロナガレトビケラ
　　　　　　（*Rhyacophila nigrocephala*）

7. カクスイトビケラ科
マルツツトビケラ属 sp.（*Micrasema sp.*）

8. カクツツトビケラ科
コカクツツトビケラ（*Goerodes japonicus*）

9. エグリトビケラ科
コエグリトビケラ属 sp.（*Apatania sp.*）

10. フトヒゲトビケラ科
ヨツメトビケラ（*Perissoneura paradoxa*）

2−5 チョウ目（鱗翅目）

1. アゲハチョウ科
アオスジアゲハ
　　　　（***Graphium sarpedon nipponum***）

ジャコウアゲハ（***Byasa alcinous alcinous***）

キアゲハ（***Papilio machaon hippocrates***）

ナミアゲハ （*Papilio xuthus xuthus*）

ナガサキアゲハ
（*Papilio memnon thunbergii*）

クロアゲハ （*Papilio protenor demetrius*）

オナガアゲハ
（*Papilio macilentus macilentus*）

ミヤマカラスアゲハ
（*Papilio maackii maackii*）

モンキアゲハ
（*Papilio helenus nicconicolend*）

カラスアゲハ（*Papilio dehaanii dehaanii*）

2. シロチョウ科
ツマキチョウ（*Anthocharis scolymus scolymus*）

モンシロチョウ（*Pieris rapae crucivora*）

スジグロシロチョウ（*Pieris melete melete*）

キタキチョウ（*Eurema mandorina*）

モンキチョウ（*Calias rate poliographus*）

3. シジミチョウ科
ウラギンシジミ（*Cureris acuta paracuta*）

ゴイシシジミ　　（*Taraka hamada hamada*）
ムラサキシジミ

　　（*Narathura japonica japonica*）

ムラサキツバメ　（*Narathura bazalus turbata*）
トラフシジミ　　　　（*Rapala arata arata*）
アカシジミ　　　　　（*Japonica lutea lutea*）
ミズイロオナガシジミ

　　　　　　　　　　（*Antigius attilia attilia*）
ツバメシジミ　　（*Everes argiades argiades*）
コツバメ　　　　　　　（*Callophrys ferrea*）
ルリシジミ　　　　　（*Celastrina argiolus*）
ベニシジミ　**（*Lycaena phlaeas daimio*）**

ヤマトシジミ（*Zizeeria maha argia*）

ウラナミシジミ　　　　　（*Lampides boeticus*）

4．タテハチョウ科
ツマグロヒョウモン

　　　（*Argyreus hyperbius hyperbius*）

ミドリヒョウモン

　　　（*Argynnis paphia tsushimana*）

ウラギンヒョウモン

　　　　（*Fabriciana adippe pallescens*）
ウラギンスジヒョウモン

　　　　（*Argyronome laodice japonica*）
メスグロヒョウモン　（*Damora sagana liane*）
クモガタヒョウモン

　　　　（*Nephargynnis anadyomene*）
アカタテハ（***Vanessa indica indica***）

ヒメアカタテハ（*Vanessa cardui cardui*）

キタテハ（*Polygonia c-aureum c-aureum*）

ヒオドシチョウ
（*Nymphalis xanthomelas japonica*）

ルリタテハ（*Kaniska canace nojaponicum*）
スミナガシ
（*Dichorragia nesimachus nesiotes*）
イシガケチョウ
（*Cyrestis thyodamas mabella*）
コミスジ　　（*Neptis sappho intermedia*）
ミスジチョウ　（*Nepis philyra excellens*）

ホシミスジ（*Neptis pryeri setoensis*）

イチモンジチョウ
（*Limenitis camilla japonica*）
アサマイチモンジ
（**Limenitis glorifica glorifica**）

サカハチチョウ
（*Araschnia burejana strigosa*）
ゴマダラチョウ（**Hestina japonica japonica**）

オオムラサキ（*Sasakia charonda charonda*）

コムラサキ（*Apatura metis substituta*）

5.テングチョウ科
テングチョウ（*Libythea lepita celtoides*）

6.ジャノメチョウ科
クロヒカゲ　　　（*Lethe diana diana*）
ヒカゲチョウ　　（*Lethe sicelis sicelis*）

サトキマダラヒカゲ
（*Neope goschkevitschii goschkevitschii*）

ヒメジャノメ（*Mycalesis gotama fulginia*）
コジャノメ（*Mycalesis francisca perdiccas*）

ヒメウラナミジャノメ
（*Ypthima argus argus*）

ウラナミジャノメ
（*Ypthima multistriata niphonica*）

ジャノメチョウ（*Minois dryas bipunctata*）
クロコノマチョウ
　　　　（**Melanitis phedima oitensis**）

7.マダラチョウ科
アサギマダラ（**Parantica sita niphonica**）

8.セセリチョウ科
アオバセセリ
　　　　（*Choaspes benjaminii japonica*）
ダイミョウセセリ（*Daimio tethys*）
ミヤマセセリ（*Erynnis montanus montanus*）
キマダラセセリ（**Potanthus flavus flavus**）

ヒメキマダラセセリ（*Ochlodes ochraceus*）

ホソバセセリ
　　　　（*Isoteinon lamprospilus lamprospilus*）
コチャバネセセリ（*Thoressa varia*）
イチモンジセセリ
　　　　（**Parnara guttata guttata**）

チャバネセセリ
　　　　（*Pelopidas mathias oberthuri*）
オオチャバネセセリ
　　　　（*Polytremis pellucida pellucida*）

7. ミノガ科
チャミノガ　　　　（*Eumeta minuscula*）
オオミノガ　　　　（*Eumeta japonica*）

8. シャクガ科
ウスバフユシャク　（*Inurois fletcheri*）
キエダシャク　　　（*Auaxa sulphurea*）

9. イラガ科
イラガ（*Monema flavescene*）
ヒロヘリアオイラガ（*Parasa lepida lepida*）

10. ドクガ科
チャドクガ（*Euproctis pseudoconspersa*）

11．カレハガ科
オビカレハ（*Malacosoma neustria*）
マツカレハ（*Dendrolimus spectabilis*）

12．シャチホコガ科
シャチホコガ（*Stauropus fagi persimilis*）

13．ヤガ科
ヨトウガ（*Msmestra brassicae*）
フサヤガ（*Eutelia geyeri*）

ハスモンヨトウ（*Prodenia litura*）
フクラスズメ（*Arcte coerula*）

アケビコノハ（*Eudocima tyrannus*）

14．ヒトリガ科
ヒトリガ　　　　　　　　（*Arctia caja*）
アメリカシロヒトリ（*Hyphantria cunea*）

15．ヤママユガ科
オオミズアオ　　　　　　（*Actias artemis*）
ヤママユ（*Antheraea yamamai*）

クスサン（*Saturnia japonica*）
ウスタビガ（*Rhodinia fugax fugax*）

シンジュサン（*Samia cynthia pryeri*）

16．スズメガ科
モモスズメ（*Marumba gaschkewitschii*）
トビイロスズメ　（*Clanis bilineata*）
ベニスズメ　（*Deilephila elpenor*）

セスジスズメ（*Theretra oldenlandiae*）
メンガタスズメ　（*Acherontia styx*）
オオスカシバ（*Cephonodes hylas*）

ホシホウジャク（*Macroglossum stellatarum*）
ホウジャク（*Macroglossum stellatarum*）

17．セミヤドリガ科
セミヤドリガ　　（*Epipomponia nawai*）

2－6　ハチ目（膜翅目）
1．ハバチ科
コブシハバチ　（*Megabeleses crassitarsis*）
チュウレンジバチ　　（*Arge pagana*）
アカスジチュウレンジバチ

　　　　　　　　（*Arge nigrinodosa*）

2．ツチバチ科
キンケハラナガツチバチ

　　　　　　　（*Campsomeris prismatica*）

3．ドロバチ科
トックリバチ（*Eumenus micado*）
オオカバフスジドロバチ

　　（*Orancistrocerus drewseni*）

4. スズメバチ科
オオスズメバチ（*Vespa mandarina*）

キイロスズメバチ（*Vespa xanthoptera*）

コガタスズメバチ（*Vespa analis*）

モンスズメバチ（*Vespa crabro*）

ヒメスズメバチ（*Vespa ducalis*）

セグロアシナガバチ（*Polistes jadwigae*）

フタモンアシナガバチ（*Polistes chinensis*）

キボシアシナガバチ（*Polistes mandarinus*）

5. ベッコウバチ科
ベッコウバチ（*Cyphononyx dorsalis*）

6. ミツバチ科
クマバチ（*Xylocopa appendiculata*）

セイヨウミツバチ（*Apis mellifera*）

ニホンミツバチ（*Apis cerana japonica*）

7. アリ科
クロヤマアリ　（*Formica japonica*）

クロオオアリ（*Camponotus japonicus*）
ムネアカオオアリ（*Camponotus obscuripes*）

クロクサアリ（*Lasius fuliginosus*）

2−7　シリアゲムシ目
シリアゲムシ科
ヤマトシリアゲ　（*Panorpa japonica*）

Chapter Ⅳ 植物

はじめに

　橿原市、高取町、明日香村（以下飛鳥地域と表記）は多くの人が古代よりそこに住み、自然に手を加えてきた地域である。もはやこの地域には原生林と呼べる森林はないが、今も人々は新しく形成された自然を利用しながら伝統的な農村の文化を守って生きている。飛鳥地域は都市化、宅地化が進んだとはいうものの、今日でも南部の山地を中心にして、いわゆる里山の景観の中に多様な植物が見られる。また新しく作られた都市の環境のもとでは外来種を中心とする植物相が形成され、さらに複雑な生物相を生み出しているといえる。

　現在飛鳥地域には、おもに次の8つの植物相が見られる。

① ヒノキ、スギの針葉樹林

　本地域の南部は高取山を中心とした中央構造線の北側に連なる低山地となっている。その大部分はヒノキ、スギの植林地である。林床にはアオキ、ヒサカキ等の低木やシダ植物を中心とした植物相が見られる。

② カシ類の常緑広葉樹林

　高取山の高取城趾、橿原神宮の森、各地神社の森などアラカシ、シラカシを中心とした常緑の森が見られる。橿原神宮のような人工林から、高取城趾のような半自然林まで森の構成種は豊富である。またこれらの常緑広葉樹林の林床には豊富な植物相が見られ、高取山では希少な種も自生している。

③ コナラ、クヌギなどの落葉広葉樹林

　里山と呼ばれる耕作地周辺に残る落葉広葉樹林は、かつて薪炭に利用され定期的に伐採されていたが、近年はその利用価値が低下して管理されていないところが多い。ソヨゴ、モチツツジ、ヒサカキ、スイカズラなどの低木層が形成され、さらに林床にはサルトリイバラ、コウヤボウキや多くの種類で構成された林縁特有の草本層が見られる。アカマツ、コナラ林は二次林の代表であるが飛鳥地域ではアカマツの枯死が著しい。

④ 林縁の群落

　林縁には多種多様な植物が生育している。それは日当たりの良さと人為的な影響が少ないことによると考えられる。イタドリ、クズ、ススキなど在来種が多く、ラン科など希少な種もこの林縁に多く見られる。

⑤ 耕作地周辺の草地

　水田や畑の周辺の土手や畔には耕作地に特有の植物相が見られる。そのほとんどが一年草または多年草の草本で山地の棚田と平地では種類に違いが見られる。土壌の水分や人手の加わり方によるものと考えられる。近年この植物相に外来種が増加する傾向にある。また棚田においては頻繁に草刈り機による除草が行われ、ツリガネニンジン、ウツボグサ、アキノキリンソウ、ワレモコウなど多数において減少傾向にある。

⑥ 休耕地の草地

　耕作放棄地が増加するとともにそこに繁茂する植物の群落も多様化してきた。群落の構成種は地理的環境によってことなるが、外来種が多く見られる点は同様である。藤原宮跡の休耕田ではイヌビエ、アゼガヤなどとともに外来種のヒレタゴボウ、アメリカタカサブロウなどが多く見られる。

⑦ 湿地及び河川敷の草地

　用水路の周辺、湿田の休耕田、河川敷の

川岸など湿潤な土壌にはミゾソバ、オオイヌタデ、オギ、クサヨシなどの独特の群落が見られる。川の上流の砂礫地に多いのはツルヨシの群落である。しかし近年は河川の護岸工事、水路のU字溝化などによって生育地は減少している。またオオカワヂシャ、オランダガラシ、オオブタクサなどの外来種が在来種を脅かしている。

一方、安定した土手では在来種のクズ、カナムグラ、セイタカヨシ、ヨモギが多く見られ、護岸工事が行われた地点ではアレチウリやホシアサガオなどが大きな群落を作っている。かつて多く見られたセイタカアワダチソウは勢いがなく、ブタクサはほとんど見られなくなった。

⑧ 道路及び公園等住宅地周辺の草地

空き地や公園・グランド等の周囲に見られる群落、国営飛鳥歴史公園や藤原宮跡などの園地に見られる群落である。土壌環境や踏圧の程度の差により群落の構成種はさまざまに異なるが、外来種が最も多く見られる群落である。人為的に持ち込まれた種類が多いと考えられ、明日香村に多く見られるメリケントキンソウはハイカーによって村内に急速に広がりを見せている。また周囲にはナルトサワギクがよく見られるようになってきた。

章末は 2013 年に行われた明日香村阿部山の棚田での調査の結果が記載されている。重複を避けるため、ここに記載のある種については以下のリストには記載していない。

Ⅳ－1　木本

1－1　裸子植物亜門

1．イチョウ科
イチョウ　　　　*Ginkgo biloba*

2．マツ科
クロマツ　　　　*Pinus thunbergii*
アカマツ　　　　*Pinus densiflora*
アイグロマツ　アカマツとクロマツの雑種
　　　　　　　Pinus × densi-thunbergii
ゴヨウマツ　　　*Pinus parviflora*
モミ　　　　　　*Abies firma*
ツガ　　　　　　*Tsuga sieboldii*

3．コウヤマキ科
コウヤマキ　　　*Sciadopitys verticillata*

4．スギ科
スギ　　　　　　*Cryptomeria japonica*

5．ヒノキ科
ネズミサシ（ネズ）　*Juniperus rigida*
ヒノキ　　　　　*Chamaecyparis obtuse*
メタセコイア　*Metasequoia glyptostroboides*

6．マキ科
イヌマキ　　　　*Chamaecyparis obtuse*

7．イヌガヤ科
イヌガヤ　　　　*Cephalotaxus harringtonia*
カヤ　　　　　　*Torreya nucifera*

1－2　被子植物亜門
1－2－1　双子葉植物綱

1．ヤマモモ科
ヤマモモ　　　　　*Myrica rubra*

2．クルミ科
オニグルミ　　　　*Juglans mandshurica*
シナサワグルミ　　*Pterocarya stenoptera*

3．ヤナギ科
ヤマナラシ　　　　*Populus sieboldii*
シダレヤナギ　　　*Salix babylonica*
マルバヤナギ（アカメヤナギ）
　　　　　　　　　Salix chaenomeloides
オオタチヤナギ　　*Salix pierotii*
ヤマネコヤナギ（バッコヤナギ）
　　　　　　　　　Salix bakko

4．カバノキ科
オオバヤシャブシ　*Alnus sieboldiana*
ヤシャブシ　　　　*Alnus firma*
ハシバミ
　　　Corylus heterophylla var. thunbergii
アサダ　　　　　　*Ostrya japonica*
イヌシデ　　　　　*Carpinus tschonoskii*
アカシデ　　　　　*Carpinus laxiflora*

5．ブナ科
イヌブナ　　　　　*Fagus japonica*
ウバメガシ　　　　*Quercus phillyraeoides*
クヌギ　　　　　　*Quercus acutissima*
アベマキ　　　　　*Quercus variabilis*
コナラ　　　　　　*Quercus serrate*
ナラガシワ　　　　*Quercus aliena*
イチイガシ　　　　*Quercus gilva*
アカガシ　　　　　*Quercus acuta*
ツクバネガシ　　　*Quercus sessilifolia*
アラカシ　　　　　*Quercus glauca*
ウラジロガシ　　　*Quercus salicina*
シラカシ　　　　　*Quercus myrsinifolia*
クリ　　　　　　　*Castanea crenata*

ツブラジイ（コジイ）
　　　　　　　　　Castanopsis cuspidate
①ブナ科シイ属
②ツブラジイとスダジイはよく似ていて見分けにくいが、どんぐりの形や樹皮から見分ける方法があるとされる。シイは葉の裏が金色を帯びた白色で、花が咲くと樹木全体が白く見えるほどである。
③関東以西の暖帯林
④県内に自生するシイはツブラジイがほとんどであるとされ、橿原神宮や明日香の甘樫丘のスダジイは植栽された可能性が高い。
⑤ツブラジイのどんぐりはその名のとおり、丸くて小型であるが、スダジイ同様にあくが少なく煎ってそのまま食することができる。近年はシイの実を拾って食べることを知らない世代も多い。

スダジイ　　　　　*Castanopsis sieboldi*
マテバシイ　　　　*Lithocarpus edulis*

6．ニレ科
ムクノキ　*Aphananthe aspera*
エゾエノキ　*Celtis jessoensis*

エノキ　Celtis sinensis
ケヤキ　Zelkova serrate
アキニレ　Ulmus parvifolia

7．クワ科
ヤマグワ　Morus australis
ヒメコウゾ　Broussonetia kazinoki
イタビカズラ　Ficus nipponica
ヒメイタビ　　　Ficus thunbergii
イヌビワ　　　　Ficus erecta

8．ヤドリギ科

ヤドリギ　Viscum album
①ヤドリギ科ヤドリギ属
②半寄生の常緑樹で枝は二叉分枝して枝先に厚い葉をつける。直径数10cm～1mに達し、遠くから見ると丸いくす玉状のかたまりに見える。
③北海道～九州
④エノキ、サクラなど落葉広葉樹の幹に根を食い込ませ、水や養分を吸収する。小さな花が春に咲き、秋になると黄色い液果が熟す。この果実を鳥が好んで食べ、粘着性のある糞をすることで種子が他の樹木へと拡散する。
⑤社寺や公園のサクラなどの大木に見られることが多い。

9．モクレン科
オガタマノキ　Michelia compressa
ホオノキ　Magnolia obovata

10．マツブサ科
サネカズラ　Kadsura japonica

11．シキミ科
シキミ　Illicium anisatum

12．クスノキ科
クスノキ　　　Cinnamomum camphora
ヤブニッケイ　Cinnamomum japonicum
ニッケイ　　　Cinnamomum okinawense
アオガシ（ホソバタブ）
　　　　　　　Machilus japonica
タブノキ　　　Machilus thunbergii
クロモジ　　　Lindera umbellate
ヒメクロモジ　Lindera lancea
アブラチャン　Lindera praecox
ヤマコウバシ　Lindera glauca
ダンコウバイ　Lindera obtusiloba
シロダモ　　　Neolitsea sericea
アオモジ　　　Litsea citoriodora
カゴノキ　　　Litsea coreana

12. カツラ科

カツラ　*Cercidiphyllum japonicum*
①カツラ科カツラ属
②ハート形の葉をもつ落葉高木。樹型が整い、晩秋には黄色や紅色の葉も美しい。
③北海道から九州までの山地の谷筋に多い。
④雌雄異株で葉が出る前にこの写真のような花弁のない花を咲かせる。幹は材木として家具や碁盤などに利用されてきたが、近年は少なくなっている。
⑤飛鳥地域では公園や庭などに植栽されているものが多い。

13. メギ科

ナンテン　　　　　*Nandina domestica*
ヒイラギナンテン　*Mahonia japonica*
ホソバヒイラギナンテン
　　　　　　　　　Mahonia fortunei

14. アケビ科

ムベ　*Stauntonia hexaphylla*
①アケビ科ムベ属
②つる性でアケビに似るが、厚い5～7枚の掌状複葉で常緑。トキワアケビともいう。春に白い雄花、雌花を房状に咲かせる。
③関東南部以西の本州、四国、九州、沖縄暖帯林の林縁に自生。
④秋には卵型の果実が紫色になって熟すが、アケビのように破裂はしない。果肉は甘い。
⑤「むべなるかな」という言葉の語源とも。その故事は天智天皇の時代にさかのぼる。

アケビ　*Akebia quinata*
①アケビ科アケビ属
②つる植物で葉は5枚の掌状複葉。冬には落葉する。春にうす紫色の花を咲かせる。
③北海道、本州、四国、九州
④林縁に多く自生し、鳥が散布した種子から発芽したと思われる個体が市街地にも見られることもある。
⑤秋に熟す果実を食用にするほか、花材として利用されることもある。また漢方薬の原料「木通」として使われる。

ミツバアケビ　*Akebia trifoliate*
①アケビ科アケビ属
②その名の通り3枚の掌状複葉をつけ、アケビと同じようにつるを他の植物に巻き付けて生育する。春に咲く花は房状につく雄花、根元に2～3個つく雌花ともに濃紫色である。
③北海道、本州、四国、九州
④里山の林縁に多く自生し、アケビ同様果実は食用になる。アケビとの交雑種で5枚の掌状複葉をもつゴヨウアケビも見られる。
⑤秋になると紫色の果実が割れて白い果肉や黒い種子が見える。この姿から「開け実（あけみ）」と呼ばれるようになり、それがアケビの語源といわれる。

15.　マタタビ科
ウラジロマタタビ　*Akebia trifoliate*
マタタビ　　　　　*Actinidia polygama*

16.　ツバキ科
ヤブツバキ　*Camellia japonica*
サザンカ　　*Camellia asanqua*
チャノキ　　*Camellia sinensis*
サカキ　　　*Cleyera japonica*

ヒサカキ　*Eurya japonica*
モッコク　*Ternstroemia gymnanthera*

17.　ユキノシタ科

イワガラミ　*Schizophragma hydrangeoides*
①ユキノシタ科イワガラミ属
②幹や枝から気根を出して岩や他の樹木の幹にからみついて生育する、つる性の落葉樹。その高さは10mを超えるものもある。花は梅雨のころに咲き、装飾花と呼ばれる1枚の白く大きいがく片が目立つ。
③北海道、本州、四国、九州
④山地の林縁に多く見られ、針葉樹の植林地でも枝打ちが行われて光がさしこむところには見られる。
⑤花の咲くグリーンカーテンとして利用され始めた。斑入りの葉や装飾花がピンクの栽培品種がある。高取町や明日香村の山地に見られる。

ノリウツギ　*Hydrangea paniculata*

①ユキノシタ科アジサイ属
②高さ数mの落葉樹で、4枚花びらのように見えるがく片をもつ装飾花が、花序に混じって咲く。花期は初夏から夏。
③北海道、本州、四国、九州
④山地の日当たりのよい林縁や荒れ地に見られる。
⑤花は初夏に咲き始め、装飾花は秋口まで枯れずに残り赤みを帯びることがある。樹液は和紙をすくときののりとして利用されたことからこの名が付いた。

ヤマアジサイ　*Hydrangea serrata*
①ユキノシタ科アジサイ属
②がく片の色や形には変異が多いが、高取山に自生するものは淡青色がほとんどである。高さは1m程度。
③関東以西の本州、四国、九州の山地
④山地のやや湿った沢沿いなどに見られる。日当たりの悪い林床にも生育している。サワアジサイとも呼ばれる。
⑤産地による変異が多くアジサイの亜種とされている。栽培されているものもある。

アジサイ	*Hydrangea macrophylla*
ガクアジサイ	*Hydrangea macrophylla* f. *normaalis*
ガクウツギ	*Hydrangea scandens*
マルバウツギ	*Deutzia scabra*

ウツギ　*Deutzia crenata*
①ユキノシタ科ウツギ属
②日当たりのよい林縁、川原などに見られる落葉低木。5月下旬～6月上旬に厚い花弁をもつ小さな花を枝いっぱいに咲かせる。
③北海道北部、沖縄をのぞく全国
④山間の棚田などでは土手にも自生し、刈り込みにも強く再生する。里山ではいたるところに見られる。
⑤茎の中央は中空になっていることから「空木（うつぎ）」と名付けられた。旧暦4月、卯月に咲くことから卯の花とも呼ばれる。日本の唱歌「夏は来ぬ」の歌詞にもあり、かつては身近に親しまれた花であった。

18. トベラ科

トベラ　　*Pittosporum tobira*

19. バラ科

ユキヤナギ	*Spiraea thunbergii*
イヌザクラ	*Prunus buergeriana*
ウワミズザクラ	*Prunus grayana*
リンボク	*Prunus spinulosa*
ソメイヨシノ	*Prunus kakeru yedoensis*
カスミザクラ	*Prunus verecunda*
ヤマザクラ	*Prunus jamasakura*
オオシマザクラ	*Prunus speciosa*

ヒマラヤザクラ　　　*Prunus cerasoides*
①バラ科サクラ属
②幹は樹皮がなめらかで美しく、高さは30mにも達すると言われる落葉高木。日本の環境ではそこまで成長していない。
③原産地はインド北部、ミャンマー、中国南西部など東アジアの高地。日本では植栽のみ。
④12月～1月に花を咲かせ、その後に葉を展開させる。
⑤冬に花を咲かせるサクラとして、また近年は二酸化炭素や窒素酸化物を多く吸収する植物として話題性もあるが、高温多湿の奈良県の気候には適していない。

ノイバラ　　*Rosa multiflora*
①バラ科バラ属
②落葉低木。5月頃5弁の白色またはうす桃色の花を数多くつけ、そのあとに秋には赤い果実ができる。
③北海道～九州の河川敷や里山の路傍など。
④人里に近いところに多く自生しているので、鋭いとげのある茎は何かとやっかいである。しかし再三刈り取ってもまた芽を出す。その強さから、園芸種のバラをつぐ台木として利用される。
⑤万葉集に「うまら」という名で詠まれている。古くから親しみのあった植物であることが伺える。「うまら」が「いばら」に転じたとされる。

ヤマイバラ	*Rosa sambucina*
ヤブイバラ	*Rosa onoei*
ミヤコイバラ	*Rosa paniculigera*
ミヤマフユイチゴ	*Rubus hakonensis*
フユイチゴ	*Rubus buerberi*
ニガイチゴ	*Rubus microphyllus*
クマイチゴ	*Rubus crataegifolius*
ナガバモミジイチゴ	*Rubus palmatus var. palmatus*
クサイチゴ	*Rubus hirsutus*
ナワシロイチゴ	*Rubus parvifolius*
エビガライチゴ(ウラジロイチゴ)	*Rubus phoenicolasius*
ウラジロノキ	*Sorbus japonica*
ビワ	*Eriobotrya japonica*
ヤマブキ	*Kerria japonica*
シャリンバイ	*Rhaphiolepis indica var. umbellate*
カマツカ	*Rhaphiolepis indica var. umbellate*

カナメモチ　*Photinia glabra*
①バラ科カナメモチ属
②春にでる新芽は鮮やかに赤く、初夏には枝先に小さな白い花を数多くつける。冬になると果実が赤く熟す。常緑。
③中部以西の本州、四国、九州の暖帯林
④刈り込まれ、生け垣としてよく用いられるが、自生では樹高数mに達する。
⑤幹は硬く扇子の要に用いられ、モチノキによく似ていたことからこの名が付けられた。近年は東南アジア原産のオオカナメモチとの交雑種であるレッドロビンが道路の中央分離帯などに使用されている。

20. マメ科

ネムノキ	*Albizia julibrissin*
ハネミイヌエンジュ	*Maackia floribunda*
ユクノキ	*Cladrastis sikokiana*
ハリエンジュ	*Robinia pseudoacacia*
ナツフジ	*Millettia japonica*
ナンバンコマツナギ	*Indigofera suffruticosa*
イタチハギ	*Amorpha fruticosa*

フジ（ノダフジ）　*Wisteria floribunda*
①マメ科フジ属
②４月下旬から５月中旬にかけ、美しい紫の花の房を見せるつる性の植物。
③沖縄をのぞく日本全国
④人の手の入らない山地では高木の樹冠まで達し、からみつかれた木の成長を妨げるが、植栽したものは藤棚で樹型を整える。花のあとにできた豆は秋に熟し、はじけて種子を飛ばす。
⑤「藤原」の地名に見られるように、現在の橿原市から明日香村にかけては特にフジが多く見られたとされる。古くから花を愛で、つるを使ってかごなどの道具や家具を作った。種子もかつては食用にされたようである。

21. トウダイグサ科

コバンノキ	*Phyllanthus flexuosus*
シラキ	*Sapium japonicum*
ナンキンハゼ	*Sapium sebiferum*
アカメガシワ	*Mallotus japonicas*

22. ユズリハ科
ユズリハ　*Daphniphyllum macropodum*

23. ミカン科
コクサギ　　*Orixa japonica*
カラスザンショウ
　　　　　　Zanthoxylum ailanthoides
イヌザンショウ
　　　　　　Zanthoxylum schinifolium
サンショウ　*Zanthoxylum piperitum*
キハダ　　　*Phellodendron amurense*
ミヤマシキミ *Skimmia japonica*

24. ニガキ科
ニワウルシ（シンジュ）
　　　　　　Ailanthus altissima

25. センダン科
センダン
　　　　　　Melia azedarach var. subtripinnata

26. ウルシ科
ツタウルシ　　*Rhus ambigua*
ヌルデ　　　　*Rhus javanica*
ヤマウルシ　　*Rhus trichocarpa*
ヤマハゼ　　　*Rhus sylvestris*

27. カエデ科
イロハモミジ　*Acer palmatum*
オオモミジ　　*Acer amoenum*
ウリカエデ　　*Acer crataegifolium*
ウリハダカエデ *Acer rufinerve*
イタヤカエデ　*Acer mono var.*
　　　　　　　Marmoratum f.dissectum
ウラゲエンコウカエデ
　　　　　　Acer mono var. connivens
トウカエデ　　*Acer buergerianum*
メグスリノキ　*Acer nikoense*

28. ムクロジ科
ムクロジ　　*Sapindus mukorossi*

29. アワブキ科
アワブキ　　*Meliosma myriantha*

30. モチノキ科
イヌツゲ　　　*Ilex crenata*
ナナミノキ　　*Ilex chinensis*
ソヨゴ　　　　*Ilex pedunculosa*
クロガネモチ　*Ilex rotunda*
タラヨウ　　　*Ilex latifolia*
タマミズキ　　*Ilex micrococca*
ウメモドキ　　*Ilex serrata*
アオハダ　　　*Ilex macropoda*

31. ニシキギ科
ニシキギ　　　*Euonymus alatus*
コマユミ　　　*Euonymus alatus f.striatus*
ツルマサキ　　*Euonymus fortune*
マサキ　　　　*Euonymus japonicus*
マユミ　　　　*Euonymus sieboldianus*
ツリバナ　　　*Euonymus oxyphyllus*
ツルウメモドキ *Celastrus orbiculatus*

32. ミツバウツギ科
ゴンズイ　　*Euscaphis japonica*

33. クロウメモドキ科
ケケンポナシ　*Hovenia tomentella*
ナツメ　　　　*Zizyphus jujube*

34. ブドウ科
サンカクヅル	*Vitis flexuosa*
エビヅル	*Vitis thunbergii*
ツタ	*Parthenocissus tricuspidata*

35. ホルトノキ科
ホルトノキ　*Elaeocarpus sylvestris var.ellipticus*

36. グミ科
アキグミ	*Elaeagnus umbellate*
ナワシログミ	*Elaeagnus pungens*
ツルグミ？	*Elaeagnus glabra*

37. キブシ科
キブシ　*Stachyurus praecox*

38. ウリノキ科
ウリノキ　*Alangium platanifolium var. trilobum*

39. ミズキ科
ハナイカダ	*Helwingia japonica*
アオキ	*Aucuba japonica*
クマノミズキ	*Swida macrophylla*
ミズキ	*Swida controversa*
ヤマボウシ	*Benthamidia japonica*
アメリカヤマボウシ（ハナミズキ）	*Benthamidia florida*

40. ウコギ科
タラノキ	*Aralia elata*
キヅタ	*Hedera rhombea*
カクレミノ	*Dendropanax trifidus*
ヤツデ	*Fatsia japonica*
ヤマウコギ	*Acanthopanax spinosus*
オカウコギ	*Acanthopanax japonicum*
ケヤマウコギ	*Acanthopanax divaricatus*
ヒメウコギ	*Acanthopanax sieboldianus*
コシアブラ	*Acanthopanax sciadophylloides*
タカノツメ	*Evodiopanax innovans*
ハリギリ	*Kalopanax pictus*

41. リョウブ科
リョウブ　*Clethra barbinervis*

42. アオイ科
アオイ	*Hibiscus mutabilis*
ムクゲ	*Hibiscus syriacus*
ヤノネボンテンカ	*Pavonia hastate*

43. ツツジ科
ドウダンツツジ　*Enkianthus perulatus*

モチツツジ　*Rhododendron macrosepalum*
①ツツジ科ツツジ属
②里山の林縁に多く見られ、春にピンク〜うす紫の花を咲かせる。花びらは他のツツジ属と同じように5裂し、がく片や若い葉には粘着性のある液が分泌される。翌春の花芽、葉芽を包む葉以外は落葉する。高さ1〜2m。
③本州（中部〜中国地方）
④粘着性のある液はつぼみや新葉を食べようとする昆虫から守っている。

⑤強健な性質から、ツツジ類の接ぎ木の台木として利用されることもある。橿原、高市の里山ではごく普通に見られる。

ヒラドツツジ	*Rhododendron ssp.*
オオムラサキ	*Rhododendron pulchrum*
サツキ	*Rhododendro n indicum*

コバノミツバツツジ
Rhododendron reticulatum

①ツツジ科ツツジ属
②落葉低木で樹高は2～4mに達する。枝先に3枚の葉が輪生し、葉の展開と同時に紅紫色の花が咲く。
③中部～九州のアカマツ、コナラ林など。比較的乾燥したところを好む。
④サクラが散るころから花が咲き始め、まだ明るいコナラ林などの林床を彩る。アカマツ林の減少や山林の手入れが行われなくなることで常緑樹がふえ、日当たりが悪くなるなどに伴ってこの花が見られるところも少なくなってきた。
⑤三重県松阪市西部の山間では庭に植栽している家が多いが、橿原・高市ではあまり見かけない。

アセビ	*Pieris japonica*
ネジキ	*Lyonia ovalifolia var.elliptica*

シャシャンボ　*Vaccinium bracteatum*
①ツツジ科スノキ属
②初夏に壺状の白い花を房状につける常緑低木。
③関東南部～九州　アカマツ林に多い。
④秋には果実が熟し、食用になる。
⑤この種もアカマツ林の減少に伴って減ってきている。

ナツハゼ	*Vaccinium oldhamii*
スノキ	*Vaccinium smallii var.versicolor*

44. ヤブコウジ科

カラタチバナ	*Ardisia crispa*
イズセンリョウ	*Maesa japonica*
ヤブコウジ	*Ardisia japonica*
マンリョウ	*Ardisia crenata*

45. カキノキ科

カキノキ	*Diospyros kaki*

46. エゴノキ科

エゴノキ　*Styrax japonica*
①エゴノキ科エゴノキ属
②高さ数mになる落葉高木である。5月ごろ長い柄があり、下向きに咲く白い花をたくさんつける。
③北海道から沖縄まで全国に分布する。

④雑木林に自生し、花が咲くとそのにおいに引き寄せられて多くの昆虫が飛来する。1つの花に1つの果実ができる。
⑤若い果皮はサポニンを含み、石けんとして利用された。また口に入れるとえぐい味がすることから、エゴノキと呼ばれる。幹の材は将棋の駒の材料にされた。

47. ハイノキ科
タンナサワフタギ　　Symplocos coreana
クロバイ　　　　　　Symplocos prunifolia

48. モクセイ科
マルバアオダモ　　　Fraxinus sieboldiana
キンモクセイ
　　　Osmanthus fragrans var. aurantiacus
ヒイラギ　　　　　　Osmanthus heterophyllus
ネズミモチ　　　　　Ligustrum japonicum
トウネズミモチ　　　Ligustrum lucidum
イボタノキ　　　　　Ligustrum obtusifolium

49. キョウチクトウ科

ケテイカカズラ　*Trachelospermum jasminoides var.Pubescens*
①キョウチクトウ科テイカカズラ属
②常緑のつる性植物。5月の終わりから梅雨入り頃までねじれた白い花を咲かせる。花には芳香がある。花ははじめは白いが日がたつにつれ黄色味を帯びる。
③本州、四国、九州
④気根を出し岩や石垣、他の植物にからみつく。果実は1対の細長い袋状で、裂けると中から綿毛のある種子が飛び出す。樹液には毒がある。
⑤式子内親王を愛しながら成就しなかった藤原定家の霊が、彼女の墓にからみつき、この植物になったという伝説から名付けられた。
テイカカズラ
　　　　　Trachelospermum jasminoides

50. アカネ科
カギカズラ　　　　　Uncaria rhynchophylla
オオアリドオシ
　　　　Damnacanthus indicus ssp.major
ハクチョウゲ　Serissa japonica

51. クマツヅラ科
ヤブムラサキ　　　Callicarpa mollis
ムラサキシキブ　　Callicarpa japonica
クサギ　　　　　　Clerodendrum trichotomum

52. ナス科
クコ　　　　　　　Lycium chinense

53. ゴマノハグサ科
キリ　　　　　　　Paulownia tomentosa

54. スイカズラ科

ハナゾノガクウツギ
    Abelia × grandiflora
ニワトコ
  Sambucus racemosa ssp.sieboldiana
サンゴジュ
  Viburnum odoratissimum var.awabuki
ヤブデマリ
  Viburnum plicatum var.Tomentosum
コバノガマズミ
  Viburnum erosum var. punctatum
ミヤマガマズミ *Viburnum wrightii*
ガマズミ   *Viburnum dilatatum*
ヤブウツギ *Weigela floribunda*

スイカズラ *Lonicera japonica*
①スイカズラ科スイカズラ属
②筒状の花は上下2枚に分かれ、上の方は4つに裂けている。咲き始めは白色であるが、次第に黄色く変色する。常緑のつる植物。
③日本全国
④花は初夏に咲き、秋から冬にかけて黒い液果ができる。つるは木質化し、葉は冬も枯れないことから「忍冬（にんどう）」とも呼ばれている。里山の林縁に多く見られ花はよい香りがする。
⑤花の筒をぬくとその付け根に甘い蜜があり、それを吸うことからスイカズラと名付けられた。1980年代には歌謡曲の題名にもなり、橿原・高市地区にも身近に多くあるがこの花に目をとめることは少ない。

ヤマウグイスカグラ *Lonicera gracilipes*
ソクズ   *Sambucus chinensis*

1－2－2 単子葉植物綱
1．イネ科
オカメザサ *Shibataea kumasaca*
モウソウチク *Phyllostachys heterocycla*
マダケ   *Phyllostachys bambusoides*
カンチク *Chimonobambusa marmoreal*
ネザサ   *Pleioblastus chino*

2．ヤシ科
シュロ *Trachycarpus fortune*
トウジュロ *TTrachycarpus fortune*

Ⅳ－2 草本
2－1 双子葉植物綱
2－1－1 合弁花
1．キク科
アメリカオニアザミ *Cirsium vulgare*
アレチノギク *Conyza bonariensis*
オオキンケイギク *Coreopsis lanceolata*
ハルシャギク *Coreopsis tinctoria*
コスモス   *Coreopsis bipinnatus*
キバナコスモス *Cosmos sulphureus*
ウスベニチチコグサ
  Gnaphalium purpureum
キヌゲチチコグサ *Facelis retusa*
ケナシヒメムカショモギ
  Erigeron pusillis

シロノセンダングサ（シロバナセンダングサ）　*Bidens pilosa var.Minor*
①キク科センダングサ属
②コセンダングサの変種で白い舌状花がある。果実は衣服などによく付く、いわゆるひっつき虫となる。
③関東以西　北アメリカ原産の外来種。
④耕作放棄地、造成地や河川敷などの荒れ地によく見られ、花や葉の形に変異が多い。
⑤橿原・高市地区では分布が点在するが、明日香村などハイカーによって果実が運ばれやすい地点に多く見られる。

セイヨウノコギリソウ	*Achillea millefolium*
タチチチコグサ	*Gnaphalium calviceps*
ダンドボロギク	*Erechtites hieracifolia*
トゲチシャ（アレチジシャ）	*Lactuca scariola*
ヒメブタナ	*Hypochoeris glabra*
ペラペラヨメナ	*Erigeron karvinskianus*
マメカミツレ	*Cotula australis*
アカミタンポポ	*Taraxacum laevigatum*
ブタナ	*Hypochoeris radicata*
オオオナモミ	*Xanthium occidentale*
オオブタクサ	*Ambrosia trifida*
ヒヨドリバナ	*Eupatorium chinense*
メナモミ	*Siegesbeckia orientalis ssp. Pubescens*
コメナモミ	*Siegesbeckia orientalis ssp.glabrescens*
サワギク	*Senecio nikoensis*
ノコンギク	*Aster ageratoides ssp.ovatus*
ヤクシソウ	*Youngia denticulate*
ムラサキニガナ	*Lactuca sororia*
イワニガナ	*Ixeris stolonifera*
オオジシバリ	*Ixeris debilis*
オカオグルマ	*Senecio integrifolius ssp. furiei*
オカダイコン	*Adenostemma madurense*

コウゾリナ　*Picris hieracioides L. ssp. Japonica*
①キク科コウゾリナ属
②根元の葉はタンポポのように地面に広がるが、花茎は枝分かれして多くのつぼみを付ける。花はタンポポに似て、果実にも綿毛がある。
③北海道から九州
④タンポポよりやや遅れて5月頃から咲き始め、盛夏には一旦休むが秋にまた花をつける。多年草で冬はロゼットで過ごす。田畑の土手など比較的安定した草地に多い。
⑤葉や茎が剛毛でざらつくことから「顔剃り菜」「かみそり菜」からその名がつけられたという。春の若い葉は漢方薬、食用にされる。

コヤブタバコ	Carpesium cernuum
サジガンクビソウ	Carpesium glossophyllum
ヒメガンクビソウ	Carpesium rosulatum
シュウブンソウ	Rhynchospermum verticillatum
ホウキギク	Aster subulatus
シロヨメナ	Aster ageratoides ssp.Leiophyllus
ヤマシロギク（イナカギク）	Aster ageratoides ssp.Amplexifolius
センダングサ	Bidens biternata
センボンヤリ	Leibnitzia anandria
テイショウソウ	Ainsliaea cordifolia
ノニガナ	Ixeris polycephala
モミジガサ	Cacalia delphiniifolia
ヤブタバコ	Carpesium abrotanoides
ヤブタビラコ	Lapsana humilis

ヨシノアザミ

Cirsium nipponicum var. yoshinoi

①キク科アザミ属
②秋にうす紫色の花を咲かせる。春に咲くノアザミが真っすぐ上を向いて咲くのに対し、このヨシノアザミの枝の途中のつぼみはやや傾いて付く。葉先のにはアザミの特徴である鋭いとげがある。
③近畿、中国、四国
④林縁に多く高さは1mを超える。ノアザミは田畑の土手に見られるが、ヨシノアザミは山地に多い。
⑤ヨシノアザミの名は発見者の名前から名付けられた。ナンブアザミの変種である。

ホンキンセンカ（フユシラズ）	Calendula arvensis
ヤグルマギク	Centaurea cyanus
メリケントキンソウ	Soliva sessilis
ナルトサワギク	Senecio madagascariensis
アラゲハンゴンソウ	Rudbeckia hirta var. sericea
タムラソウ	Serratula coronata
オトコヨモギ	Artemisia japonica

2．キキョウ科

キキョウソウ	Specularia perfoliata
ヒナキキョウソウ	Specularia biflora

ツルギキョウ　*Campanumoea maximowiczii*
環境省絶滅危惧Ⅱ類
①キキョウ目キキョウ科ツルギキョウ属
②外側は白く、内側は赤紫色を帯びたキキョウによく似た花を咲かせる。つる植物で葉はうすくハート形。

③関東以西から九州の山地の林縁。
④茎は細く林縁の植物にからみついて成長する。花は夏に咲き、果実は熟すと紫色になる。
⑤個体数は少なく特定の地点に見られるだけである。

ツルニンジン　　Codonopsis lanceolata
タニギキョウ
　　　　Peracarpa carnosa var. circaeoides
キキョウ　　　Platycodon grandiflorum

3．オミナエシ科
オトコエシ　　Patrinia villosa
ツルカノコソウ　Valeriana flaccidissima
ノヂシャ　　　Valerianella locusta
オミナエシ　　Patrinia villosa

4．アカネ科
シラホシムグラ　　Galium aparine
クルマムグラ
　　　　　Galium trifloriforme var.nipponicum
ツルアリドオシ　　Mitchella undulate
ハシカグサ　Hedyotis lindleyana var. hirsute
フタバムグラ　　　Hedyotis diffusa
オオフタバムグラ　Diodia teres
ハナヤエムグラ　　Sherardia arvensis
オオクルマムグラ　Galium trifloriforme

5．リンドウ科
アケボノソウ　　　Swertia bimaculata
①リンドウ科センブリ属
②白い花冠は5つに裂け、その中央に黄緑色の2つの模様があり、ここに蜜腺がある。先端部には黒く小さい点がある。オオバコに似た葉が地面近くにありそこから四角い茎が伸びる。

③北海道～九州
④やや湿った場所に生育し50～60cmに達する。花は秋に咲く。
⑤花にある模様を夜明け間近な空の星に見立てて名前が付けられたという。橿原・高市には多くは分布していない。

ツルニチニチソウ　　Vinca major
ハナハマセンブリ　Centaurium pulchellum
リンドウ　　　　Gentiana scabra var.buergeri
フデリンドウ　　Gentiana zollingeri

6．イチヤクソウ科
アキノギンリョウソウ（ギンリョウソウモドキ）　　　　Monotropa uniflora
ウメガサソウ　　Mitchella undulate
ギンリョウソウ　Monotropastrum humile
イチヤクソウ　　Pyrola japonica

7．ミツガシワ科
ガガブタ　　　　Nymphoides indica
環境省準絶滅危惧種
①ミツガシワ科アサザ属
②丸いハート形の浮き葉を出し、毛のような突起のたくさんある白い花を水面上に咲かせる。
③本州以西

④浅い池などに生育するため独特の形態と生態をもつ。花は午前中で終わりしおれる。
⑤鏡の入れ物のふた、「鏡蓋（かがみぶた）」が語源と言われる。近年希少な植物である。

8．ガガイモ科
コカモメヅル　　　*Tylophora floribunda*

9．オオバコ科
ヘラオオバコ　　　*Plantago lanceolata*

10．ゴマノハグサ科
アゼトウガラシ　　*Lindernia angustifolia*
アゼナ　　　　　　*Lindernia procumbens*
アブノメ　　　　　*Dopatrium junceum*

イヌノフグリ *Veronica didyma var. lilacina*
環境省絶滅危惧II類（VU）
①ゴマノハグサ科クワガタソウ属
②花は4mm程度で小さくうすい赤色。
③本州以南
④種子にはエライオソームというアリが好む物質が付属していて、アリによって分布が助けられていると考えられている。古い石垣のすきまなどに生える。
⑤果実は丸く2個が合わさった形をしており、これが犬の陰嚢、古語で「ふぐり」のように見えることから名付けられた。近縁のオオイヌノフグリは普通に見られるがイヌノフグリは希少種となり、明日香村でわずかに生育が確認されているにすぎない。

カワヂシャ *Veronica undulate*
①ゴマノハグサ科クワガタソウ属
②葉は対生し交互に十字状に付く。葉腋から花序を出し、花は小さく白色〜うす紫色である。外来種のオオカワヂシャの花は青色である。
③本州中部以西、四国、九州、沖縄
④川岸や水路、水田などの湿潤な土壌を好む。水田での除草剤の使用などで近年その個体数が減り絶滅危惧種に指定されている。
⑤明日香村内では寺社や遺跡周辺など人為的に土壌が攪乱されにくいところに多く残っている場合がある。

オオカワヂシャ　*Veronica anagallis-aquatica*
マツバウンラン　*Linaria Canadensis*
タケトウアゼナ　*Lindernia dubia ssp. Tipica*
フラサバソウ　　*Lindernia dubia ssp. Tipica*

ツタバウンラン　*Cymbararia muralis*
ビロードモウズイカ　*Verbascum thapsus*
オオヒナノウスツボ
　　　　　　　　Scrophularia kakudensis
キクモ　　　　　*Limnophila sessilifiora*
セイヨウヒキヨモギ　*Parentucellia viscosa*

11. ナス科

テリミノイヌホオズキ
　　　　　　　　Solanum photeinocarpum
イヌホオズキ　　*Solanum nigrum*

ハダカホオズキ *Tubocapsicum anomalum*
①ナス科ハダカホウズキ属
②条件のよいところでは１ｍくらいに達する大型の草本。トウガラシによく似た白〜うす黄色の花を咲かせ、７〜８㎜の卵形の果実ができる。果実は熟すと赤く色づく。
③本州、四国、九州、南西諸島、小笠原諸島
④やや湿った林縁に自生する。高取町、明日香村の山地に見られる。
⑤ホウズキ似てホウズキのようにがくが果実を包まないことからハダカホウズキの名が付いた。

ヒヨドリジョウゴ　*Solanum lyratum*
①ナス科ナス属
②茎は細く他の植物にからみついて伸長するがつる植物のように巻き付かない。茎や葉に多くの毛がある。花はナスに似て下向きに房状に咲き白色。果実は球形で熟すと赤くなる。

③日本全国に分布
④林縁の土手の草本層に見られることが多い。赤くよく目立つ果実にはソラニンを含み毒がある。
⑤ヒヨドリが集まっておいしそうに食べるようすから名付けられたといわれるが、特別に好まれる物でもないようである。明日香村稲淵の棚田や香久山山麓などに見られる。

マルバノホロシ　　*Solanum maximowiczii*

12. キツネノマゴ科

オギノツメ　　*Hygrophila salicifolia*

13. イワタバコ科

イワタバコ　　*Conandron ramondioides*

14. ハエドクソウ科

ナガバハエドクソウ
　　　　Phryma leptostachya var. oblongifolia

ハエドクソウ
　　　　Phryma leptostachya var. asiatica

ムラサキサギゴケ　*Mazus miquelii*
①ハエドクソウ科サギゴケ属
②茎は地面をはい、春にうす紫色の花を咲かせる。花の中央には黄色の模様がある。
③本州、四国、九州
④田のあぜなど湿ったところに多く生育する。白い花の品種をサギゴケという。
⑤水はけの悪い公園などにも自生し、甘樫丘のふもとの公園に大きな群落を作っている。近縁種のトキワハゼと見誤りやすい。

15. シソ科

オランダハッカ　　*Mentha spicata*
アキチョウジ　　*Rabdosia longituba*
ヤマハッカ　　　*Rabdosia inflexa*

クロバナヒキオコシ　*Rabdosia trichocarpa*
①シソ科ヤマハッカ属
②シソ科に特有の断面が四角形の茎をもつ。秋に葉の腋から出た枝先に、船のような形をした5～6mmの暗紫色の花をまばらにつける。 
③北海道～本州の日本海側の山地
④高さは1mくらいになる。飛鳥地域には漢方薬の原料として持ち込まれた可能性がある。
⑤弘法大師が病人にこの植物を煎じて飲ませたところ起きあがったと言う伝説から「引き起こし」と名付けられた。明日香村の1地点でのみ見つかっており、人為的に持ち込まれたものである可能性が高い。

ジャコウソウ　*Chelonopsis moschata*
①シソ科ジャコウソウ属
②茎の断面は四角い。高さ数十cmに達し夏の終わり頃に細長い筒状の花を咲かせる。
③北海道～九州
④山地の湿ったところに生育し、麝香の香

りがするというが、強い香りはない。

タニジャコウソウ *Chelonopsis longipes*
①シソ科ジャコウソウ属
②ジャコウソウに比べて花の柄が長いことで区別できる。
③関東以西、四国、九州
④９月～１０月にうす紫色の花を咲かせる。里山の谷筋の林縁に見られるが、個体数は少ない。

ツルニガクサ　　　*Teucrium japonicum*
ナギナタコウジュ　*Elsholtzia ciliate*
ヒメジソ　　　　　*Salvia plebeian*
ミゾコウジュ　　　*Salvia plebeian*
ウツボグサ　*Prunella vulgaris ssp. Asiatica*
オカタツナミソウ
　　　　　　　Scutellaria brachyspica
マルバハッカ　*Mentha spicata var. spicata*
オドリコソウ
　　　　　　Lamium album var. barbatum
クルマバナ *Clinopodium chinense ssp.*
 grandiflorum var. parviflorum
ヤマクルマバナ *Clinopodium chinense ssp.*
grandiflorum var. shibetchense
イヌトウバナ　*Clinopodium micranthum*
ハッカ　*Mentha arvensis var. piperascens*
ミカエリソウ　*Leucosceptrum stellipilum*
レモンエゴマ
　　　　　Perilla frutescens var. citriodora
メハジキ *Leonurus japonicus*

16.　クマツヅラ科
ヒメクマツヅラ　　*Verbena litoralis*
ダキバアレチハナガサ　*Verbena incompta*
ランタナ　　　　　*Lantana camara*

17.　ムラサキ科

ヤマルリソウ　*Omphalodes japonica*
①ムラサキ科ルリソウ属
②茎や葉に白い毛が多い。春、茎の先端に５裂した小さい花を数個つける。花の色は初めは紫色であるが青色に変化する。
③東北南部以西、四国、九州
④林縁や林床に見られる。園芸種として栽培されることもある。
⑤飛鳥地域では里山の近くの道ばたに見られるところがあるが多くはない。

オオルリソウ　　　*Cynoglossum zeylanicum*

ホタルカズラ　*Lithospermum zollingeri*
①シソ目ムラサキ科ムラサキ属
②草の高さは20cm程度で、全体に荒い毛があり、５枚に切れ込んだ明るい青色の花をつける。

③北海道、本州、四国、九州、沖縄

④日当たりのよい山麓や道ばたに自生する。明るい青色が蛍の光のように見えることから名付けられた。カズラと付いているが、つる植物ではない。
⑤飛鳥地域では飛鳥川流域の里山で見られるが、土木工事のため生育場所は数少ない。

18. ヒルガオ科

セイヨウヒルガオ	Convolvulus arvensis
マメアサガオ	Ipomoea lacunose
マルバルコウ	Ipomoea coccinea
ホシアサガオ	Ipomoea triloba
ヒルガオ	Calystegia japonica
ネナシカズラ	Cuscuta japonica
アメリカネナシカズラ	Cuscuta pentagona

19. アワゴケ科

アワゴケ　　　Callitriche japonica

20. ツリフネソウ科

ハガクレツリフネ	Impatiens hypophylla
キツリフネ	Impatiens noli-tangere
ツリフネソウ	Impatiens textori

21. ウリ科

アレチウリ　　Sicyos angulatus

ゴキヅル　　Actinostemma lobatum

キカラスウリ

Trichosanthes kirilowii var.japonica

①ウリ科カラスウリ属
②夏の終わり頃、夜に花弁の先端が細長い糸状になり、レース編みのように見える白い花をつける。果実は熟れると濃いオレンジ色になり、中にはカマキリの頭のような形をした黒い種子ができる。
③本州、四国、九州
④林縁に見られるつる植物。巻きひげで数mの高さまで伸びる。種子は形が打ち出の小槌に似ているところから、財布に入れておくと金が貯まる縁起物として扱われてきた。雌雄異株で種子以外に塊根でもふえる。
⑤インテリア、花材としての利用価値もあるが食用にはならない。山地で見られるがカラスウリほどは多くない。

22. キョウチクトウ科

ツルニチニチソウ　Vinca major

23. サクラソウ科

オカトラノオ　Lysimachia clethroides

24. セリ科

マツバゼリ　　Apium leptophyllum

シシウド	*Angelica pubescens*		
チドメグサ	*Hydrocotyle sibthorpioides*		
オオバチドメ	*Hydrocotyle javanica*		
ヒメチドメ	*Hydrocotyle yabei*		
オオバチドメ	*Hydrocotyle javanica*		
ウマノミツバ	*Sanicula chinensis*		
ツボクサ	*Centella asiatica*		
ヤブニンジン	*Osmorhiza aristata*		
セントウソウ	*Chamaele decumbens*		

25. ウコギ科
ウド　　　　　*Aralia cordata*
トチバニンジン　*Panax japonicus*

26. アカバナ科
オオマツヨイグサ
　　　　　Oenothera erythrosepala
コマツヨイグサ　*Oenothera laciniata*
メマツヨイグサ　*Oenothera biennis*
アカバナ　*Epilobium pyrricholophum*
ウスゲチョウジタデ
　　　　　Ludwigia greatrexii
ミズタマソウ　*Circaea mollis*

27. ミソハギ科
ホソバヒメミソハギ
　　　　　Ammannia coccinea
ミズマツバ　*Rotata pusilla*
キカシグサ　*Rotala indica var. uliginosa*
アメリカキカシグサ　*Rotala ramosior*

28. スミレ科
アオイスミレ　*Viola hondoensis*
アリアケスミレ
　　　　　Viola betonicifolia var. albescens
ナガバノタチツボスミレ
　　　　　　　　　　　　　Viola ovato-oblonga

シハイスミレ　*Viola violacea var.violacea*
①スミレ科スミレ属
②10cm以下の小型のスミレでうすい紫色から濃い紫色の花をつける。
③本州中部以西、九州
④山地の林縁や林床に多い。葉の裏が紫色であることから紫背菫と名付けられた。

ニオイタチツボスミレ　*Viola obtuse*
ヒメスミレ
　　　　　Viola inconspicua ssp. Nagasakiensis
ニオイスミレ　*Viola odorata*

29. シュウカイドウ科
シュウカイドウ　*Bebonia evansiana*

30. ヒシ科
ヒシ　*Trapa japonica*

31. オトギリソウ科
コケオトギリ　*Sarothra laxa*

32. アオイ科
ウサギアオイ　*Malva parviflora*
ゼニアオイ　*Malva sylvestris var. mauritiana*
カラスノゴマ　*Corchoropsis crenata*

33. ミカン科
マツカゼソウ　　　*Boenninghausenia japonica*

34. トウダイグサ科

シマニシキソウ　　　*Euphorbia hirta*
①トウダイグサ科ニシキソウ属
②全体が赤みを帯びる。斜めに立ち上がり20〜40cm。葉は対生する。
③近畿、四国、九州、琉球列島
④熱帯アメリカ原産の外来種。人里近くの耕作地、道ばたに多い。
⑤橿原市内で局所的に見られる

ブラジルコミカンソウ（ナガエコミカンソウ）
　　　　　　　　　Phyllanthus corcovadensis
オオニシキソウ　　*Euphorbia maculate*
ニシキソウ　　　　*Euphorbia humifusa*

コミカンソウ　　*Phyllanthus urinaria*
①コミカンソウ科コミカンソウ属
②直立する茎から細い茎が出てそれに細かい葉が左右に付く。葉は夜にはたたまれて、その姿はオジギソウのように見える。細い枝の下側に名前の由来にもなった小さなミカンのような色形をした果実がたくさんならぶ。
③関東以西
④道ばたや畑、庭などに見られる。古い時代の帰化植物と考えられている。
⑤飛鳥地域では、明日香村での分布が多く見られる。

35. カタバミ科
ハナカタバミ　　　　*Oxalis bowieana*
オッタチカタバミ　　*Oxalis stricta*
ムラサキカタバミ　　*Oxalis corymbosa*
ミヤマカタバミ　　　*Oxalis griffithii*
イモカタバミ　　　　*Oxalis articulate*
オオキバナカタバミ　*Oxalis pes-caprae*

36. フウロソウ科
ヤワゲフウロ　　　　*Geranium molle*

37. ヒメハギ科
ヒメハギ　　　　　　*Polygala japonica*

2－1－2　離弁花
38. マメ科
クスダマツメクサ　　*Trifolium campestre*
ナヨクサフジ　　　　*Vicia villosa ssp.varia*

ムラサキツメクサ　Trifolium pretense
ヤブマメ　　　　Amphicarpaea bracteata ssp.
　　　　　　　　　　Edgeworthii var.japonica
ツルマメ　　　　　Glycine max ssp.soja
メドハギ　Lespedeza juncea var. Subsessilis
ヌスビトハギ
　　　Desmodium podocarpum ssp. oxyphyllum
ノアズキ（ヒメクズ）　Dunbaria villosa
ノササゲ　　　　Dumasia truncate
フジカンゾウ　　Desmodium oldhamii
ホドイモ　　Apios fortune

マキエハギ　Lespedeza virgata
①マメ科ハギ属
②高さ数十 cm の小型のハギで花は白色
③本州以西
④やせ地に生育する
⑤明日香村の一部で局所的に見られるが個体数は少ない。

マルバヌスビトハギ
Desmodium Podocarpum ssp. podocarpum
ミソナオシ　　　Desmodium caudatum
ヤブハギ　　　Desmodium podocarpum
　　　ssp. oxyphyllum var. mandshuricum
ケヤブハギ　D　podocarpum ssp. fallax
トキリマメ　Rhynchosia acuminatifolia

ミヤコグサ
　　　　Lotus corniculatus var. japonicus
タンキリマメ　　Rhynchosia volubilis
ヤマハギ　　　　Lespedeza bicolor
マルバハギニシキハギ
　　　　　　　Lespedeza cyrtobotrya
シラハギ　　　　Lespedeza japonica var.
　　　　　　　　japonica f. angustifolia
ニシキハギ
Lespedeza japonica var. japonica f. japonica
ミヤギノハギ　　　Lespedeza thunbergii
ヤハズソウ　　　　Lespedeza striata
マルバヤハズソウ　Lespedeza stipulacea
ミヤコグサ　Lotus corniculatus var.Japonicas

39.　バラ科
キンミズヒキ
　　　　　　Agrimonia pilosa var.Japonica
ヒメキンミズヒキ　Agrimonia nipponica
ミツバツチグリ　　Potentilla freyniana
ヤブヘビイチゴ　　Duchesnea indica
ダイコンソウ　　Geum japonicum

40.　ベンケイソウ科
ツルマンネングサ　Sedum sarmentosum
メキシコマンネングサ　Sedum mexicanum
オカタイトゴメ
　　　Sedum oryzifolium var. pumilum
マルバマンネングサ　Sedum makinoi
オノマンネングサ　　Sedum lineare

41.　ユキノシタ科
チダケサシ　　　Astilbe microphylla
アカショウマ　　Astilbe thunbergii
オオチャルメルソウ　Mitella japonica
タコノアシ　　Pemthorum chinense

シロバナネコノメ　Chrysosplenium album
ギンバイソウ　　Deinanthe bifida
ヤマトチャルメルソウ
　　　　　Mitella yamatoensis ssp. nov.

クサアジサイ　Cardiandra alternifolia
①ユキノシタ科クサアジサイ属
②がく片が3枚の飾り花があり、アジサイの花を思わせるが、葉は互生し葉の質感もアジサイとは異なる。
③東北南部以西の本州、四国、九州
④湿った林床に自生し、花は梅雨明け頃から咲く。草丈は50cm程度でアジサイのように大きくはならない。
⑤高取山地に見られる。

イワボタン
Chrysosplenium macrostemon

42.　アブラナ科
イヌカキネガラシ　Sisymbrium orientale
カラクサガラシ　　Coronopus didymus
セイヨウカラシナ　　Brassica juncea
ミチタネツケバナ　　Cardamine hirsute
オランダガラシ　　Nasturtium officinale
マメグンバイナズナ　Lepidium virginicum
イヌナズナ　　Draba nemorosa
スカシタゴボウ　　Rorippa islandica
ミチバタガラシ　　Rorippa dubia
ワサビ　Wasabia japonica
セイヨウアブラナ　Brassica napus
シロイヌナズナ　　Arabidopsis thaliana
クジラグサ　　　Descurainia sophia
マルバコンロンソウ　Cardamine tanakae
ニシノオオタネツケバナ
　　Cardamine dentipetala var. longifructus
ヤマハタザオ　　Arabis hirsuta
ヒメムラサキハナナ　Ionopsidium acaule

43.　ケシ科
ミヤマキケマン　Corydalis pallid var. tenuis

クサノオウ Chelidonium majus var. asiaticum
①ケシ科クサノオウ属
②うすい4枚の黄色い花弁が特徴である。春の山野に咲く大型の草本である。
③北海道～九州
④葉や茎をちぎると有毒な黄色い液が出る。種子はエライオソームをもち、アリによって散布が助けられる。
⑤鎮痛などの漢方薬として用いられたこともあったがアルカロイドの毒性は強いため、皮膚に付かないよう注意が必要である。

タケニグサ　　　　Macleaya cordata

44. アリノトウグサ科
ホザキノフサモ　*Myriophyllum spicatum*

45. マツモ科
マツモ　　　　　*Ceratophyllum demersum*

46. センリョウ科
センリョウ　　　*Sarcandra glabra*
ヒトリシズカ　　*Chloranthus japonicus*
フタリシズカ　　*Chloranthus serratus*

47. キンポウゲ科
トゲミノキツネノボタン
　　　　　　　　Ranunculus muricatus
ケキツネノボタン　*Ranunculus cantoniensis*
タガラシ　　　　*Ranunculus sceleratus*
ヒメリュウキンカ（キクザキリュウキンカ）
　　　　　　　　Ranunculus ficaria
トウゴクサバノオ
　　　　　　　　Dichocarpum trachyspermum
トリガタハンショウヅル
　　　　　　　　Clematis tosaensis
ボタンヅル　　　*Clematis apiifolia*
アキカラマツ
　　　　　Thalictrum minus var. hypoleucum
イブキトリカブト　*Aconitum ibukiense*
イヌショウマ　　*Cimicifuga japonica*
ユキワリイチゲ　*Anemone keiskeana*

48. ツヅラフジ科
ツヅラフジ　*Sinomenium acutum*

49. ナデシコ科
イヌコハコベ　*Stellaria pallid*
ミヤマハコベ　*Stellaria sessiliflora*
シロバナマンテマ　*Silene gallica var. gallica*
ノハラツメクサ
　　　　　Spergula arvensis var. arvensis
キヌイトツメクサ　*Sagina decumbens*
ノハラナデシコ　*Dianthus armeria*
ムシトリナデシコ　*Silene armeria*

50. ハス科
ハス　　　　　　*Nelumbo nucifera*

51. ナデシコ科

カワラナデシコ
　　Dianthus superbus var. longicalycinus
①ナデシコ科ナデシコ属
②先が細く裂けた、ピンクの花弁をもつ。茎は細く30〜50cmあり、他の草に支えられるようにして立っている姿が、たよりなげなイメージを抱かせる。
③本州、四国、九州
④日当たりのよい草地に自生し、秋の七草に数えられるが、他の6種より早く初夏から夏にかけて咲く。
⑤かつては野山に多く見られたが、管理が行われなくなって樹木が優占し、日陰になったために消滅したり、逆に草刈り機によって徹底した草刈りが行われ、消滅したりして分布は限られた地点になっている。

ミミナグサ　Cerastium holosteoides Var.hallaisanense
ナンバンハコベ
　　　　　Cucubalus baccifer Var. japonicas
ノミノツヅリ　　Arenaria serpyllifolia
ノミノフスマ
　　　　　Stellaria alsine var.Undulate
ハマツメクサ　　Sagina maxima

52．スベリヒユ科
ヒメマツバボタン　Portulaca pilosa
ハゼラン　　　　Talinum crassifolium

53．ザクロソウ科
クルマバザクロソウ Mollugo verticillata
ザクロソウ　　Mollugo pentaphylla

54．オシロシバナ科
オシロイバナ　Mirabilis jalapa

55．ヒユ科
ホソアオゲントウ　Amaranthus patulus
イヌビユ
　　　　　Amaranthus lividus var.Ascendens
ノゲイトウ　Celosia argentea

56．アカザ科
ゴウシュウアリタソウ Chenopodium pumilio
ケアリタソウ　　Chenopodium ambrosioides
シロザ　　　　Chenopodium album

57．タデ科
ツルドクダミ　Pleuropterus multiflorus
①タデ科タデ属
②茎はつる性で葉はハート形。白い花を咲かせる。

③中国からの外来種

④漢方薬として輸入されたものが野生化したと考えられる。
⑤強壮剤、何首烏（かしゅう）の原料である。
ナガバギシギシ　　Rumex crispus
ヒメスイバ　　　　Rumex acetosella
ハイミチヤナギ　　Polygonum arenastrum

ヒメツルソバ　Persicaria capitata
①タデ科イヌタデ属
②花はこんぺいとうのような形でピンク～白色。葉にはV字の模様がある。茎は地面をはい広がっていく。
③ヒマラヤ原産と言われる外来種。
④明治時代に人為的に持ち込まれ、観賞用やグランドカバーに用いられてきた。性質が強く、石垣や側溝などに野生化している。
⑤放任で育つ植物で、庭に植えられているのをよく見かける。

エゾノギシギシ　　　*Rumex obtusifolius*
アレチギシギシ　　　*Rumex conglomerates*
オオイヌタデ　　　　*Persicaria lapathifolia*

サクラタデ　*Persicaria conspicua*
①タデ科イヌタデ属
②数十 cm の茎の先端に細長い花穂が伸び、5〜6 mm のうす桃色の花を数多くつける。タデのなかまでは花弁が大きい方である。
③本州〜沖縄
④水辺や休耕田など湿った土壌に自生し、地下茎で増える。
⑤飛鳥川の河川敷、休耕田に見られる。

ボントクタデ　　　　*Persicaria pubescens*
アキノウナギツカミ　*Persicaria sieboldi*
ママコノシリヌグイ　*Persicaria senticosa*
イタドリ　　　　　　*Reynoutria japonica*
ミズヒキ　　　　　　*Antenoron filiforme*
シンミズヒキ　　　　*Antenoron neo-filiforme*
ハナタデ　　　　　　*Persicaria yokusaiana*
ハルタデ　　　　　　*Persicaria vulgaris*
マダイオウ　　　　　*Rumex madaio*
ミズヒキ　　　　　　*Antenoron filiforme*
ヤノネグサ　　　　　*Persicaria nipponensis*
オオケタデ　　　　　*Persicaria pilosa*
サナエタデ　　　　　*Persicaria scabra*
ニオイタデ　　　　　*Persicaria viscosa*

シャクチリソバ　　　*Fagopyrum cymosum*

58. ヤマゴボウ科
マルミノヤマゴボウ　*Phytolacca japonica*

59. イラクサ科
ナンバンカラムシ　　*Boehmeria nivea*
クサマオ
アオミズ　　　　　　*Pilea mongolica*
メヤブマオ　　　　　*Boehmeria platanifolia*
ウワバミソウ
　　　　　　Elatostema umbellatum var. majus
ヒメウワバミソウ
Elatostema umbellatum var. umbellatum
カテンソウ　　　　　*Nanocnide japonica*
イラクサ　　　　　　*Urtica thunbergiana*
キミズモドキ　　　　*Pellionia japonica*
サンショウソウ　　　*Pellionia minima*

ミヤコミズ　*Pilea kiotensis*
①イラクサ科ミズ属
②高さ 20〜40cm でミズ属に特有の厚く多く水分を含んだ茎や葉をもつ。飛鳥地域の個体は葉が赤みを帯びるものが多い。
③本州中部以西、四国、九州北部に産地が点在する。
④山地の林床や林道脇、川沿いなどうす暗く湿度の高い場所に見られる。
⑤飛鳥川の源流域ではよく見られるが、分

布は限られているため、レッドデータブック奈良版では希少種になっている。

ムカゴイラクサ　　Laportea bulbifera
ヤマトキホコリ　　Elatostema laetevirens
ヤマミズ　　　　　Pilea japonica

60.　ウマノスズクサ科
ミヤコアオイ　　　Heterotropa aspera
ウマノスズクサ　　Aristolochia debilis

61.　ドクダミ科
ハンゲショウ　　　Saururus chinensis

2－2　単子葉植物綱
62.　アヤメ科
ヒメヒオウギズイセン
　　　　　　　　　Tritonia crocosmaeflora
キショウブ　　　　Iris pseudacorus

シャガ　　　　Iris japonica
①アヤメ科アヤメ属
②4月下旬～5月に橙色と紫色の模様のある白い花をつける。種子はできず地下茎で栄養生殖する。
③古い時代に中国から持ち込まれた外来種。
④観賞目的で植栽されたものが野生化したと考えられ、人里近くの林床に多い。日陰を好み広い群落を作ることもある。
⑤飛鳥地域では野生、植栽ともごく普通に見られる。

63.　ヒガンバナ科
ナツズイセン　　　Lycoris squamigera
スイセン　　　　　Narcissus tazetta
タマスダレ　　　　Zephyranthes candida

64.　ユリ科
タカサゴユリ　　　Lilium formosanum
シンテッポウユリ　Lilium × fomolongo
ハナニラ　　Ipheion uniflorum
ショウジョウバカマ　　Heloniopsis orientalis
シロバナショウジョウバカマ
　　　　　　Heloniopsis orientalis var. flavida
ニラ　Allium tuberosum
ヤブカンゾウ　Hemerocallis fulva var.kwanso
チゴユリ　　Disporum smilacinum
ホウチャクソウ　　Disporum sessile

ヤマユリ　　Lilium auratum
①ユリ科ユリ属
②花弁には赤い斑点と黄色の筋があり、よく目立つ。8月ごろ開花し強い芳香を放つ。
③近畿以北の本州、北海道
④日本の野山に自生する大型のユリで縄文時代から食用にされていたと言われる。

⑤近年イノシシによる食害や機械による林縁の草刈りなどで非常に個体数が減っている。飛鳥地域では人が近寄れない急な崖などに自生の個体がわずかに見られるほか、高取町で半自然状態の栽培個体も見られる。

ササユリ *Lilium japonicum*
①ユリ科ユリ属
②ユリのなかまでは中型で淡いピンクの花を咲かせる。
③本州中部以西、四国、九州
④花期は初夏。人為的な環境の変化や盗掘により、極端に個体数が減っている。社寺や庭園で栽培されているものが多い。
⑤飛鳥地域での自生は局所でごく少ない。

アマナ　*Amana edulis*
ウバユリ　*Cardiocrinum cordatum*
キチジョウソウ　*Reineckea carnea*
キヨスミギボウシ　*Hosta kiyosumiensis*

シオデ　*Smilax riparia var.ussuriensis*
①サルトリイバラ科シオデ属
②茎はつる状で長く伸び、巻きひげでからみつく。雌雄異株でどちらも目立たない花を夏に咲かせる。
③北海道〜九州

④山菜としての価値の高い植物であるが、林縁の環境の変化とともに利用できるような大きな株は少なくなっている。
⑤高取山麓に見られるが個体数は多くはない。

ナガバジャノヒゲ
　　　Ophiopogon japonicas var.umbrosus

ノカンゾウ
　　　Hemerocallis fulva var.longituba
①ススキノキ科ワスレグサ属
②6弁の橙色の花をつけるが、1つの花は1日でしぼむ。
③古い時代に中国から持ち込まれた外来種
④田畑の土手に見られることが多く、古い時代に植栽されたものである可能性が高い。花は7月。ワスレグサとも呼ばれ、つぼみを食すると、そのおいしさに嫌なことも忘れてしまうという。

⑤飛鳥地域で見られるものは八重咲きのヤブカンゾウが大部分である。

ノギラン　*Metanarthecium luteo-viride*
ヒメヤブラン　*Liriope minor*
ミヤマナルコユリ　*Polygonatum lasianthum*
ナルコユリ　　　*Polygonatum falcatum*
アマドコロ
　　　Polygonatum odoratum var. pluriflorum

ヤマジノホトトギス　*Tricyrtis affinis*
①ユリ科ホトトギス属
②葉には斑状の模様があり、6枚の花弁には紫色の斑点がある。それが鳥のホトトギスと似ていることから名付けられた。おしべは6本が集まり、先端で分かれてヤシの木状になる。
③北海道南部〜九州
④林縁、林床に見られ、地下茎で殖える。
⑤自生も見られるが個体数は少ない。庭園で植栽されているものも多く見られる。

65.　ヤマノイモ科
ヒメドコロ　*Dioscorea tenuipes*
キクバドコロ　*Dioscorea septemloba*
オニドコロ　*Dioscorea tokoro*
カエデドコロ　*Dioscorea quinqueloba*
ナガイモ　　*Dioscorea batatas*

66.　ツユクサ科
ノハカタカラクサ
Tradescantia flumiensis

67.　ショウガ科
ミョウガ　*Zingiber mioga*

68.　サトイモ科
ムロウテンナンショウ
Arisaema yamatense
セキショウ　*Acorus gramineus*
ショウブ　*Acorus calamus*

69.　トチカガミ科
コカナダモ　*Egeria nuttallii*
オオカナダモ　*Egeria densa*

ミズオオバコ　*Ottelia japonica*
①トチカガミ科ミズオオバコ属
②その名の通りオオバコによく似た大型の葉を水中で展開する。夏には水中から伸びた花茎の先に白い花をつける。
③本州以南
④水田や浅い沼地に自生し、水田の雑草であったが、除草剤の使用などで個体数が激減し、環境省のレッドリストⅡ類に指定されている。

⑤近年農薬の使用量が減ってきたことなどにより再びところどころで見られるようになってきたが個体数はまだ多くはない。

クロモ　*Hydrilla verticillata*

70.　オモダカ科
ウリカワ　*Sagitaria pygmaea*
オモダカ　*Sagitaria trifolia*

71.　ヒルムシロ科
センニンモ　*Potamogeton maackianus*
ヒルムシロ？　*Potamogeton distinctus*
ホソバミズヒキモ
　　　　　　　Potamogeton octandrus
エビモ　　　　*Potamogeton crispus*
ヤナギモ　　　*Potamogeton oxyphyllus*
アイノコセンニンモ
　　　　　　Potamogeton × kyushuensis

72.　ガマ科

コガマ　*Typha orientalis*
①ガマ目ガマ科ガマ属
②細長い葉は1～2mに達し、夏にはソーセージのような雌花の塊を出し、その花茎の先端には雄花ができる。
③全国
④湿地に群生し地下茎で殖える。花穂は肉穂とも呼ばれ、ほぐすと綿毛をもった果実が大量に現れる。自然界では綿毛は秋から冬にかけて少しずつ風で飛ばされ遠くに運ばれる。
⑤飛鳥地域では休耕田や河川敷に見られるが、河川改修などによって自生地は狭められている。

ガマ　*Typha latifolia*
ヒメガマ　*Typha angustifolia*

73.　イバラモ科
イトトリゲモ　*Najas japonica*
オオトリゲモ　*Najas oguraensis*
ヒロハトリゲモ　*Najas indica*
ホッスモ　　　*Najas graminea*

74.　ウキクサ科
アオウキクサ　*Lemna perpusilla*
イボウキクサ　*Lemna gibba*
ウキクサ　　　*Spirodela polyrhiza*
ミジンコウキクサ　*Wolffia globosa*

75.　ラン科
エビネ　　　　*Calanthe discolor*
カヤラン　　　*Sarcochilus japonicus*
クモキリソウ　*Liparis kumokiri*
コクラン　　　*Liparis nervosa*
アキザキヤツシロラン　*Gastrodia confusa*

アケボノシュスラン
　　　Goodyera foliosa var.maximowicziana
①ラン目ラン科シュスラン属
②小型の常緑のランで高さは10cm程度。葉は濃い緑色で波打っている。夏にうすい桃

色の花をつける。
③北海道～九州
④山地の林床にはえ、茎は横にはって広がる。

⑤高取山地に自生するが局所的であり、人の踏圧や他の植物が生い茂ることでの日照不足により存続が危ぶまれる。

クモラン　*Taeniophyllum glandulosum*

ミヤマウズラ　*Goodyera schlechtendaliana*

②　ラン目ラン科シュスラン属
②茎は地を這い途中から立ち上がる。地面近くにある細い卵形の葉には白い網目模様が見られ、これがウズラの模様に似ているとされる。花は茎の1つの方向に10個ほど付き、白～薄いピンクで鳥が飛んでいるような形。
③北海道中部以南～九州
④比較的明るい林床の緩い斜面などに見られる。美しい花が好まれ、山野草として栽培される。
⑤飛鳥地域では盗掘や二次林の管理の放棄などにより個体数は減少している。

キンラン　*Cephalanthera falcate*
①ラン目ラン科キンラン属
②約1cmの濃い黄色の花を房状につける。花は開花しても花弁は完全には開かない。
③本州、四国、九州
④菌根菌（ラン菌）との共生の依存度が高く、生育条件がきわめて複雑である。人工栽培はほぼ不可能と言われている。
⑤盗掘や里山の環境変化で、他のラン科同

様に個体数はきわめて少なくなっている。

サイハイラン *Cremastra appendiculata*
①ラン目ラン科サイハイラン属
②高さ30〜50cmに達する大型のランでくすんだうす紫色の花を10〜20個下向きにつける。その姿が戦場で指揮官が振るう采配に似ていることから名付けられた。
③北海道、本州、四国、九州
④山地の林縁、林床に自生する。ラン菌との共生関係があり、長期栽培は不可能とされる。
⑤奈良県では準絶滅危惧種に指定されている。生育場所の環境保全、盗掘の防止が求められる。

シュンラン *Cymbidium goeringii*
①ラン目ラン科シュンラン属
②細長い葉が根元から立ち上がる。花茎は鱗片に包まれ、その先にうす緑色の側弁と白い唇弁をもつ花が咲く。
③北海道〜九州
④落葉広葉樹の林床に自生し、春の明るい樹林で花を咲かせる。庭に栽培されることもあり、山取りの苗が販売されているのをよく見かける。
⑤飛鳥地域には数は少なくなったものの、自生地は点在している。かつて高取町観覚寺の雑木林に多く見られる場所があったが、今は町のホールが建っていて絶滅した。

タシロラン *Epipogium roseum*

ツチアケビ *Galeola septentrionalis*
② ラン目ラン科ツチアケビ属
②葉をもたず共生菌やナラタケから栄養を摂取して生きている。春、地下茎から数10

cmもある花茎を伸ばし黄色い花を咲かせる。秋には果実ができ赤く色づく。この果実の形がアケビに似ていることから名付けられた。
③北海道～九州
④光合成を行わないため暗い林床にも生育する。果実は食用に適さないが漢方薬の強壮剤として利用されてきた。
⑤明日香村や高取町の山中では比較的多く見ることができる。

ネジバナ　Spiranthes sinensis var.Amoena
ギンラン　Cephalanthera erecta
オニノヤガラ　Gastrodia elata

76. イネ科

アメリカスズメノヒエ　Paspalum notatum
ウマノチャヒキ　Bromus tectorum
オニウシノケグサ　Festuca arundinacea
コスズメガヤ　Eragrostis minor poaeoides
ヒゲナガスズメノチャヒキ
　　　　　Bromus rigidus diandrus
オオクサキビ　Panicum dichotomiflorum
カラスムギ　Avena fatua
コバンソウ　Briza maxima
セイバンモロコシ　Sorghum halepense
ムギクサ　Hordeum murinum
ネズミムギ　Lolium multiflorum
カモガヤ　Dactylis glomerata
アオカモジグサ　Elymus racemifer
イチゴツナギ　Poa sphondylodes
エゾノサヤヌカグサ　Leersia oryzoides
ケチヂミザサ
　Oplismenus undulatifolius var. undulatifolius
コチヂミザサ　Oplismenus undulatifolius var. japonicas
ササクサ　　Lophatherum gracile
スズメノチャヒキ　Bromus japonicas
スズメノヒエ　Paspalum thunbergii
トキワススキ　Miscanthus floridulus
ドジョウツナギ　Glyceria ischyroneura
ネズミガヤ　Muhlenbergia japonica
ノガリヤス　Calamagrostis brachytricha
ハイチゴザサ　Isachn nipponensis
ハイヌメリグサ
　　　　　Sacciolepis indica var. indica
マンゴクドジョウツナギ
　　　　　Glyceria kakeru tokitana
ドジョウツナギとヒロハドジョウツナギの雑種
ムラサキエノコロ
　　　　　Setaria viridis f.purpurascens
ヨシ　　Phragmites australis
オオイチゴツナギ　Poa nipponica
ニワホコリ　Eragrostis multicaulis
サヤヌカグサ　Leersia sayanuka
ツルヨシ　Phragmites japonica
セイタカヨシ　Phragmites karka
ヒエガエリ　Polypogon fugax
セトガヤ　Alopecurus japonicas
オギ　　Miscanthus sacchariflorus
ハナヌカススキ　Aira elegantissima
ハルガヤ
Anthoxanthum odoratum ssp. Odoratum
コヌカグサ　Agrostis alba
ヌカボ　　Agrostis clavata var. nukabo
ヌカススキ　Aira caryophyllea
クロコヌカグサ　Agrostis nigra
ハイコヌカグサ　Agrostis stolonifera
ヤマアワ　Calamagrostis epigeios
チョウセンガリヤス　Cleistogenes hackelii
アオウシノケグサ

　　　　　　　　　　Festuca ovina var. coreana
ムツオレグサ　*Glyceria acutiflora*
ホソムギ　　　*Lolium perenne*
オオネズミガヤ　*Muhlenbergia longistolon*
オオアワガエリ　*Phleum pratense*
オオスズメノカタビラ *Poa trivialis*
イチゴツナギ　　　*Poa sphondylodes*
ムラサキネズミノオ
　　Sporobolus fertilis var. purpurreo-suffusus
マコモ　　　　*Zizania latifolia*
シバ　　　　　*Zoysia japonica*

77. カヤツリグサ科
アオスゲ　*Carex breviculmis*
アゼスゲ　*Carex thunbergii*
オオアオスゲ
　　　　Carex breviculmis var. lonchophora
オクノカンスゲ　*Carex foliosissima*
クロカワズスゲ　*Carex arenicola*
コジュズスゲ
　　　　Carex parciflora var. macroglossa
ササノハスゲ？　*Carex pachygyna*
シバスゲ　*Carex nervata*
ジュズスゲ　*Carex ischnostachya*
シラスゲ　*Carex doniana*
ナキリスゲ　*Carex lenta*
ノゲヌカスゲ　*Carex mitrata var. Aristata*
ヒメカンスゲ　*Carex conica*
ミヤマカンスゲ
　　　　Carex dolichostachya var. glaberrima
メアオスゲ
　　　　Carex leucochlora var. aphanandra
モエギスゲ　*Carex tristachya*
ヤガミスゲ　*Carex maackii*
タニガワスゲ　*Carex forficula*
クグガヤツリ　*Cyperus compressus*

アオガヤツリ？　*Cyperus nipponicus*
イヌクグ（クグ）*Mariscus sumatrensis*
ウキヤガラ　*Scirpus fluviatilis*
カワラスガナ　*Cyperus sanguinolentus*
カンガレイ　*Scirpus triangulates*
クログワイ　*Eleocharis kuroguwai*
クロテンツキ　*Fimbristylis diphylloides*
チャガヤツリ　*Cyperus amuricus*
ヒナガヤツリ　*Cyperus flaccidus*
ホタルイ *Scirpus juncoides var. Hotarui*
マツバイ
　　　　Eleocharis acicularis var. Longiseta
ミズガヤツリ　*Cyperus serotinus*
メリケンガヤツリ　*Cyperus eragrostis*
シュロガヤツリ *Cyperus altemifolius*
アゼガヤツリ　*Cyperus haspan*
ヒゴクサ　　　*Carex japonica*
マツカサススキ *Scirpus mitsukurianus*

78. イグサ科
アオコウガイゼキショウ
　　　　　Juncus papillosus
ヒメコウガイゼキショウ *Juncus bufonius*
ハナビゼキショウ　*Juncus alatus*
ホソイ　　*Juncus setchuensis var. Effusoides*
イグサ（イ）
　　　　Juncus effuses var. Decipiens
セイヨウイグサ　*Juncus effusus*
コゴメイ　　　*Juncus ssp.*
ヌカボシソウ
　　　　Luzula plumose var Macrocarpa

Ⅳ－3　阿部山リスト

はじめに

　明日香村阿部山地区の棚田は面積が狭く急傾斜で生産効率が悪く、生産者の高齢化や鳥獣による食害のため耕作放棄地が拡大していた。

　そこで里山の景観形成や生物多様性保全など棚田の多面的機能確保の観点から営農の持続と農地の活性化を目的として、耕作機の使いやすい広い農地に改修を進めることになった。

　しかし大規模な工事には土壌の攪乱という自然の改変を伴う。従来の棚田の土手にある植生ははぎ取られ新たな環境がうまれることになる。そこで奈良県中部農林振興事務所（当時）は奈良教育大学の松井淳研究室に依頼し、工事予定地の植物相の調査を行い、絶滅危惧種等貴重な種が存在した場合には移植などの保存の手だてを講じることとなった。

　ここから記載しているリストはその調査によって記録された植物である。

1．クワ科
クワクサ　*Fatoua villosa*
カナムグラ　*Humulus japonicus*

2．イラクサ科
ヤブマオ　*Boehmeria longispica*
カラムシ　*Boehmeria nipononivea*
コアカソ　*Boehmeria spicata*
ミズ　*Pilea hamaoi*

3．タデ科
ヤナギタデ　*Persicaria hydropiper*
シロバナサクラタデ　*Persicaria japonica*
イヌタデ　*Persicaria longiseta*
イシミカワ　*Persicaria perfoliata*
ミゾソバ　*Persicaria thunbergii*
ミチヤナギ　*Polygonum aviculare*
スイバ　*Rumex acetosa*
ギシギシ　*Rumex japonicas*

4．ヤマゴボウ科
ヨウシュヤマゴボウ　*Phytolacca americana*

5．ザクロソウ科
ザクロソウ　*Mollugo pentaphylla*

6．スベリヒユ科
スベリヒユ　*Portulaca oleracea*

7．ナデシコ科
ミミナグサ
　　　Cerastium holosteoides var. hallaisanense
オランダミミナグサ
　　　Cerastium glomeratum
ツメクサ　*Sagina japonica*
ウシハコベ　*Stellaria aquatica*
コハコベ　*Stellaria media*
ミドリハコベ　*Stellaria neglecta*
ノミノフスマ　*Stellaria alsine var. undulata*

8．アカザ科
アリタソウ　*Chenopodium ambrosioides*

9．ヒユ科
ヒナタイノコヅチ
　　　Achyranthes bidentata var. tomentosa
ヒカゲイノコヅチ
　　　Achyranthes bidentata var. Japonica

ホナガイヌビユ　*Amaranthus viridis*

10.　キンポウゲ科

センニンソウ　*Clematis terniflora*
ウマノアシガタ　*Ranunculus japonicas*
キツネノボタン　*Ranunculus silerifolius*
ヒメウズ　*Semiaquilegia adoxoides*

11.　ツヅラフジ科
アオツヅラフジ　*Cocculus trilobus*

12.　ドクダミ科
ドクダミ　*Houttuynia cordata*

13.　オトギリソウ科
オトギリソウ　*Hypericum erectum*

アゼオトギリ　*Hypericum oliganthum*
環境省絶滅危惧ⅠB類（EN）

①オトギリソウ科オトギリソウ属
②地面をはう茎から立ち上がった茎は30cmくらい。対生する葉の縁には黒い小さな点がならんでいる。花は黄色で5弁。花弁にも濃色の斑点が見られる。
③関東以西、四国、九州
④水田や用水路の周囲など日当たりのよい湿った土壌に生育する。用水路のコンクリート化や水田への除草剤散布で激減。

14.　ケシ科
ジロボウエンゴサク　*Corydalis decumbens*
ムラサキケマン　*Corydalis incisa*
ナガミヒナゲシ　*Papaver dubium*

15.　アブラナ科
ナズナ　*Capsella bursa-pastoris*
タネツケバナ　*Cardamine flexuosa*
ショカツサイ　*Orychophragmus violaceus*
イヌガラシ　*Rorippa indica*

16.　ベンケイソウ科
コモチマンネングサ　*Sedum bulbiferum*

17.　ユキノシタ科
ヤマネコノメソウ
　　　Chrysosplenium japonicum
ユキノシタ　*Saxifraga stolonifera*

18.　バラ科
オヘビイチゴ
　　　Potentilla sundaica var. robusta
キジムシロ　*Potentilla fragarioides*
ヘビイチゴ　*Duchesnea chrysantha*
ヤブヘビイチゴ　*Duchesnea indica*
ワレモコウ　*Sanguisorba officinalis*

19.　マメ科

クサネム　*Aeschynomene indica*
ゲンゲ　*Astragalus sinicus*
アレチヌスビトハギ
　　　Desmodium paniculatum
ヌスビトハギ
　　Desmodium podocarpum ssp. Oxyphyllum
コマツナギ　*Indigofera pseudo-tinctoria*
ネコハギ　*Lespedeza pilosa*
クズ　*Pueraria lobata*
クララ　*Sophora flavescens*
コメツブツメクサ　*Trifolium dubium*
ベニバナツメクサ　*Trifolium incarnatum*
シロツメクサ　*Trifolium repens*
スズメノエンドウ　*Vicia hirsuta*
ヤハズエンドウ　*Vicia angustifolia*
ヤハズエンドウ　*Vicia angustifolia*
カスマグサ　*Vicia tetrasperma*
ヤブツルアズキ
　　Vigna angularis var. nipponensis

20.　カタバミ科
カタバミ　*Oxalis corniculata*
ムラサキカタバミ　*Oxalis corymbosa*
オッタチカタバミ　*Oxalis stricta*

21.　フウロソウ科
アメリカフウロ　*Geranium carolinianum*
ゲンノショウコ　*Geranium nepalense var. thunbergii*

22.　トウダイグサ科
エノキグサ　*Acalypha australis*
コニシキソウ　*Phyllanthus supine*
ヒメミカンソウ　*Phyllanthus matsumurae*

23.　ブドウ科

ノブドウ
　Ampelopsis brevipedunculata var. heterophylla
ヤブカラシ　*Cayratia japonica*

24.　スミレ科
タチツボスミレ
　　Viola grypoceras var. grypoceras
コスミレ　*Viola japonica*
スミレ　*Viola mandshurica var. mandshurica*
ツボスミレ　*Viola verecunda var. verecunda*
ノジスミレ　*Viola yedoensis var. yedoensis*

25.　ミゾハコベ科
ミゾハコベ　*Elatine triandra*

26.　ウリ科
スズメウリ　*Melothria japonica*
カラスウリ　*Trichosanthes cucumeroides*

27.　ミソハギ科
ヒメミソハギ　*Ammannia multiflora*
ミソハギ　*Lythrum anceps*

28.　アカバナ科
ヒレタゴボウ　*Ludwigia decurrens*
チョウジタデ　*Ludwigia epilobioides*
ユウゲショウ　*Oenothera rosea*

29.　セリ科
ミツバ　*Cryptotaenia japonica*
ノチドメ　*Hydrocotyle maritima*
セリ　*Oenanthe javanica*
ヤブジラミ　*Torilis japonica*
オヤブジラミ　*Torilis scabra*

ヒメノダケ　*Angelica cartilagino-marginata*
① セリ科シシウド属
② 高さは50cm〜1m。セリ科特有の深く切れ込んだ葉をもち、枝先に小さく白い花が数多く付く（複散形花序）。
③ 近畿以西の本州、四国、九州
④ 日当たりのよい山地の開けた草地に自生する多年草。阿部山では棚田の土手に見られた。

30.　サクラソウ科
コナスビ　*Lysimachia japonica*

31.　ガガイモ科
フウセントウワタ
Gomphocarpus physocarpus
ガガイモ　*Metaplexis japonica*

32.　アカネ科
ヒメヨツバムグラ　*Galium gracilens*
キクムグラ　*Galium kikumugura*
ヤブムグラ　*Galium niewerthii*
ヤマムグラ　*Galium pogonanthum*
カワラマツバ　*Galium verum ssp. asiaticum*
ハシカグサ　*Hedyotis lindleyana var. hirsute*
ヘクソカズラ　*Paederia scandens*
アカネ　*Rubia argyi*

33.　ヒルガオ科
コヒルガオ　*Calystegia hederacea*

34.　ムラサキ科
ハナイバナ　*Bothriospermum tenellum*
キュウリグサ　*Trigonotis peduncularis*

35.　クマツヅラ科
ヤナギハナガサ　*Verbena bonariensis*
アレチハナガサ　*Verbena brasiliensis*

36.　シソ科
キランソウ　*Ajuga decumbens*
トウバナ　*Clinopodium gracile*
カキドオシ
　　　Glechoma hederacea ssp. Grandis
ホトケノザ　*Lamium amplexicaule*
ヒメオドリコソウ　*Lamium purpureum*
アキノタムラソウ　*Salvia japonica*
タツナミソウ　*Scutellaria indica*

37.　ナス科
アメリカイヌホオズキ
Solanum americanum

38.　ゴマノハグサ科
スズメノトウガラシ　*Lindernia antipoda*
ウリクサ　*Lindernia crustacean*
アメリカアゼナ　*Lindernia dubia ssp. major*
アゼトウガラシ　*Lindernia angustifolia*
サギゴケ　*Mazus miquelii*
トキワハゼ　*Mazus pumilus*
タチイヌノフグリ　*Veronica arvensis*
フラサバソウ　*Veronica hederaefolia*
ムシクサ　*Veronica peregrina*
オオイヌノフグリ　*Veronica persica*

39. キツネノマゴ科
キツネノマゴ　　Justicia procumbens

40. ハマウツボ科

ナンバンギセル　　Aeginetia indica
①ハマウツボ科ナンバンギセル属
②寄生植物で葉はなく、10〜20cmの花茎の先に筒状で下向きのうす紫色の花を咲かせる。
③日本全土
④ススキに寄生することが多く、夏の終わりから秋にかけて花を咲かせる。

41. オオバコ科
オオバコ　　Plantago asiatica
ツボミオオバコ　　Plantago virginica

42. キキョウ科
ツリガネニンジン
　　　　　Adenophora triphylla var. japonica
ホタルブクロ　　Campanula punctate
ミゾカクシ　　Lobelia chinensis
ヒナギキョウ　　Wahlenbergia marginata

43. キク科
ヨモギ　　Artemisia princeps
シロヨメナ
　　　　　Aster ageratoides ssp. leiophyllus
ヤマシロギク（イナカギク）
　　　　　Aster ageratoides ssp. amplexifolius
ヒロハホウキギク
　　　　　Aster subulatus var. sandwicensis
ヨメナ　　Kalimeris yomena
アメリカセンダングサ　　Bidens frondosa
コセンダングサ　　Bidens pilosa var. pilosa
トキンソウ　　Centipeda minima
キクタニギク　　Dendranthema boreale
ノアザミ　　Cirsium japonicum
ヒメムカシヨモギ　　Erigeron Canadensis
オオアレチノギク　　Conyza sumatrensis
ベニバナボロギク
　　　　　Crassocephalum crepidioides
アメリカタカサブロウ　　Eclipta alba
タカサブロウ　　Eclipta thermalis
ヒメジョオン　　Erigeron annuus
ハルジオン　　Erigeron philadelphicus
サワヒヨドリ　　Eupatorium lindleyanum
ハキダメギク　　Galinsoga quadriradiata
ウラジロチチコグサ
　　　　　Gamochaeta coarctata
チチコグサモドキ
　　　　　Gamochaeta pensylvanicum
ハハコグサ　　Gnaphalium affine
チチコグサ　　Gnaphalium japonicum
キツネアザミ　　Hemistepta lyrata
オグルマ　　Inula britannica ssp. Japonica
ニガナ　　Ixeris dentate
オオジシバリ　　Ixeris debilis

アキノノゲシ　Lactuca indica
コオニタビラコ　Lapsana apogonoides
ヤブタビラコ　Lapsana humile

コウヤボウキ　Pertya scandens
①キク科コウヤボウキ属
②高さ数十cmの落葉低木で、細い茎の先に筒状の小花が集まった花を秋に咲かせる。
③関東以西の本州、四国、九州
④茎は細くて硬いため、高野山では束ねてほうきにしたという。

ミツバオオハンゴンソウ　Rudbeckia triloba
ノボロギク　Senecio vulgaris
セイタカアワダチソウ　Solidago altissima
アキノキリンソウ
Solidago virgaurea ssp. Asiatica
オニノゲシ　Sonchus asper
ノゲシ　Sonchus oleraceus

シロバナタンポポ　Taraxacum albidum
①キク科タンポポ属
②花弁の白いタンポポで、他のタンポポに比べやや大ぶり。小花の数は100前後で少ない。
③関東以西の本州、四国、九州
④在来種で、やや湿った日陰を好む傾向がある。

カンサイタンポポ　Taraxacum japonicum
①キク科タンポポ属
②花弁は黄色で小花は80〜100個。総苞片は反り返らない。
③西日本
④根は太く夏期は休眠し、冬をロゼットで越す。明日香村には一番多いタンポポである。

セイヨウタンポポ　Taraxacum officinale
オニタビラコ　Youngia japonica

44. ユリ科
ノビル　Allium grayi

ツルボ　*Scilla scilloides*
①ユリ科ツルボ属
②春に地下の球根から長さ 20cm くらいの細い葉を出す。花は小さくうす紫色で花茎に密に付く。
③北海道南部〜九州、沖縄
④夏にはいったん葉は枯れて休眠し、再び秋に伸びだし、花をつける。

ヤブラン　*Liriope platyphylla*
ジャノヒゲ　*Ophiopogon japonicas*
サルトリイバラ　*Smilax china*

45. ヒガンバナ科
ヒガンバナ　*Lycoris radiata*
シロバナマンジュシャゲ　*Lycoris albiflora*

46. ヤマノイモ科
ヤマノイモ　*Dioscorea japonica*

47. ミズアオイ科
コナギ
　　Monochoria vaginalis var. plantaginea

48. アヤメ科
ニワゼキショウ　*Sisyrinchium rosulatum*

49. イグサ科
イグサ　*Juncus effusus var. decipiens*
コウガイゼキショウ　*Juncus leschenaultia*
クサイ　*Juncus tenuis*
スズメノヤリ　*Luzula capitata*
ヤマスズメノヒエ　*Luzula multiflora*
ヌカボシソウ
　　Luzula plumosa var. macrocarpa

50. ツユクサ科
ツユクサ　*Commelina communis*
イボクサ　*Murdannia keisak*
ヤブミョウガ　*Pollia japonica*

51. イネ科
スズメノテッポウ
　　Alopecurus aequalis var. amurensis
メリケンカルカヤ　*Andropogon virginicus*
コブナグサ　*Arthraxon hispidus*
トダシバ　*Arundinella hirta*
カズノコグサ　*Beckmannia syzigachne*
ヒメコバンソウ　*Briza minor*
イヌムギ　*Bromus catharticus*
ジュズダマ　*Coix lacryma-jobi*
ギョウギシバ　*Cynodon dactylon*
メヒシバ　*Digitaria ciliaris*
コメヒシバ　*Digitaria radicosa*
アキメヒシバ　*Digitaria violascens*
アブラススキ　*Eccoilopus cotulifer*
ケイヌビエ
　　Echinochloa crus-galli var. echinata
イヌビエ
　　Echinochloa crus-galli var. crus-galli
オヒシバ　*Eleusine indica*
カモジグサ
　　Elymus tsukushiensis var. transiens
シナダレスズメガヤ　*Eragrostis curvula*
カゼクサ　*Eragrostisferruginea*

トボシガラ　*Festuca parvigluma*
チガヤ　*Imperata cylindrica var. koenigii*
チゴザサ　*Isachne globosa*
アゼガヤ　*Leptochloa chinensis*
ササガヤ
　　Microstegium japonicum var. japonicum
アシボソ
　　Microstegium vimineum var. vimineum
ススキ　*Miscanthus sinensis*
コチヂミザサ
　　　Oplismenus undulatifolius var. japonicas
ヌカキビ　*Panicum bisulcatum*
シマスズメノヒエ　*Paspalum dilatatum*
キシュウスズメノヒエ　*Paspalum distichum*
タチスズメノヒエ　*Paspalum urvillei*
チカラシバ　*Pennisetum alopecuroides*
クサヨシ　*Phalaris arundinacea*
ミゾイチゴツナギ　*Poa acroleuca*
スズメノカタビラ　*Poa annua*
コツブキンエノコロ　*Setaria pallidefusca*
キンエノコロ　*Setaria pumila*
エノコログサ　*Setaria viridis*
アキノエノコログサ　*Setaria faberi*
オオエノコロ　*Setaria x pycnocoma*
ネズミノオ　*Sporobolus fertilis*
カニツリグサ　*Trisetum bifidum*
ナギナタガヤ　*Vulpia myuros*

52.　サトイモ科

ウラシマソウ
　　　Arisaema thunbergii ssp. Urashima
カラスビシャク　*Pinellia ternata*

53.　カヤツリグサ科

アゼナルコ　*Carex dimorpholepis*
マスクサ　*Carex gibba*
ヤワラスゲ　*Carex transversa*

ヒメクグ　*Cyperus brevifolius var. leiolepis*
タマガヤツリ　*Cyperus difformis*
アゼガヤツリ　*Cyperus flavidus*
コゴメガヤツリ　*Cyperus iria*
カヤツリグサ　*Cyperus microiria*
ハマスゲ　*Cyperus rotundus*
テンツキ　*Fimbristylis dichotoma*
ヒデリコ　*Fimbristylis miliacea*
ヒンジガヤツリ　*Lipocarpha microcephala*
イヌホタルイ
　　Schoenoplectus juncoides var. ohwianus

最後になりましたが本書を制作するのに、ご協力いただきました下記の関係機関の方々に心より感謝いたします。

　NPO法人ASUKA自然塾、日本野鳥の会奈良支部、橿原市昆虫館友の会、奈良県中和土木事務所、明日香村立聖徳中学校、奈良県立御所実業高等学校、橿原市立畝傍中学校、同光陽中学校、橿原運動公園管理事務所、橿原市環境保全課、同産業振興課、JST（独立行政法人科学技術振興機構）。

本研究はJSPS科研費 JP16HP5255の助成を受けたものです。
JSPS KAKENHI Grant Number JP16HP5255

代表編者
　松本清二　　（橿原市昆虫館）

執筆者
　奥田忠良　　（奈良県地学研究会）
　尾上聖子　　（奈良県植物研究会）
　久米　智　　（橿原市昆虫館）
　佐藤孝則　　（天理大学おやさと研究所）
　城　律男　　（明日香村立聖徳中学校・NPO法人ASUKA自然塾）
　辻本　始　　（橿原市昆虫館）
　中谷康弘　　（橿原市昆虫館）
　松本清二　　（橿原市昆虫館）
　丸山健一郎　（橿原市昆虫館友の会）
　揉井千代子　（日本野鳥の会奈良支部）
　吉田孝直　　（橿原市立白橿中学校・NPO法人ASUKA自然塾）

編集　佐藤孝則、城　律男、尾上聖子、中谷康弘、松本清二

あすかいのちのハーモニー

発 行 日	2017年2月14日
代表編者	松 本 清 二
発 行 者	吉 村　始
発 行 所	金壽堂出版有限会社 〒639-2101　奈良県葛城市疋田379 電話：0745-69-7590　ＦＡＸ：0745-69-7590 E-mail：book@kinjudo.com Homepage：http://www.kinjudo.com/
印　　刷	株式会社昭文社

© MATSUMOTO Seiji 2017／Printed in Japan
ISBN 978-4-903762-16-6 C3045